教養としての「数学I・A」
論理的思考力を最短で手に入れる

永野裕之 Nagano Hiroyuki

JN011628

NHK出版新書
674

教養としての「数学I・A」
論理的思考力を最短で手に入れる

永野裕之 Nagano Hiroyuki

NHK出版新書
674

序 章

なぜ数学を
学ぶべきなのか

日本の国力低下の原因は数学離れ？

　2021年度の入試から、私大文系の雄である早稲田大学の政治経済学部が「**数学I・数学A**」を「国語」、「外国語」と共に必須科目にしました。今後、"早稲田の政経"に入りたい受験生はもれなく、大学入学共通テスト(旧センター試験)で「数学I・数学A」を受験する必要があります。

　1980年代の後半に、「受験生を多面的に評価し、選抜方法や基準の多様化、多元化を図る」という名目で"入試改革"が行われ、私立大学の多くが「少科目入試」を導入しました。その結果、数学を入試の必須科目とする文系の私大が減り、数学を避けるために私立文系を選ぶという高校生が一挙に増えました。

　スイスの国際経営開発研究所(IMD)が毎年発表している「世界競争力ランキング」によると、日本は調査が始まった1989年には堂々の1位でした。しかし2020年には過去最低の34位にまで順位を下げています(2021年は31位：グラフ参照)。

　日本の競争力の衰退と、学校でほとんど数学を学ばなかった(学んだとしても真剣味に欠けた)学生が社会に出た時期とがほぼ軌を一にしているのは単なる偶然でしょうか。

　日本の国力の低下は、AI(人工知能)、IoT(モノのインターネット)、ナノテクノロジー、自動運転といった技術革新が様々な場面にイノベーションを起こしている「第四次産業革命」に乗り遅れてしまったことが最大の原因であるといわれています。

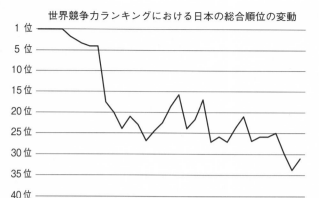

世界競争力ランキングにおける日本の総合順位の変動

[国際経営開発研究所（IMD）の世界競争力年鑑から筆者作成]

　実際、市場を席巻している米国巨大IT企業のGAFA（Google、Amazon、Facebook（現Meta）、Apple）に、現時点で日本企業はまったくといっていいほど太刀打ちできていません。

　2019年に経済産業省が出した報告書「数理資本主義の時代」には次のような衝撃的な言葉が綴られています。

　「この第四次産業革命を主導し、さらにその限界すら超えて先へと進むために、どうしても欠かすことのできない**科学が、三つある。それは、第一に数学、第二に数学、そして第三に数学である！**」

　また、日本数学会理事長を務められた小谷元子東北大学教授も読売新聞のインタビューにこう答えています。

「2010年頃から、米国の職業案内のウェブサイトで、人気職業の1位や2位に数学者が入るようになった。新産業の基盤はITであり、数学の知識を活用できる人が重要だとわかっていたのだろう。私も日本もそのことに気付くのが遅れた」（読売新聞2019年4月12日付朝刊）

　AIとは、人間が行う学習と同等の「学習」をコンピュータに行わせる機械学習を応用した技術のことをいいます。いうまでもなく機械学習でコンピュータが読み込むデータはすべて数字です。人の好みや感情も含めてすべてが数値化されます。現代は、人類史上最も数字がモノをいう時代だといっていいでしょう。ITの技術が進歩し、機械学習のニーズが高まることによって、数字が判断と予測の基準となる世界が急速に拡がっています。

　また、コンピュータの能力が向上したことにより、昔はできなかったシミュレーションがコンピュータでできるようになりました。そのおかげで様々な分野の課題に対して、数理モデルをつくり検証・分析するといった動きは非常に盛んになっています。

　政府や産業界が危機感を持って日本の巻き返しを目論む中、政府の統合イノベーション戦略推進会議は、人工知能（AI）技術を活用できる人材を年間25万人育成することを決めました。

　日本の現状では4年制の大学生の数は1学年あたり約60万人です。そのうち理工系は12万人、医療・保健系は6万人ですから合わせても18万人にしかならず、25万人

にはまったく足りません。そのため、これからは文系学生42万人の6分の1にあたる7万人も「AI人材」として、プログラミング、ディープラーニング(深層学習)、機械学習のアルゴリズム(計算手順)が理解できるようになることが求められます。

　もはや、たとえ文系の学生、さらに文系出身の社会人であっても、数学を避けて通ることはできません。早稲田の入試改革は、そうした時代の到来を告げるものであり、国際社会の中で後れをとってしまった数学教育の巻き返しを図ろうというものです。おそらくこの流れは他の大学にも波及し、ゆくゆくはほとんどの文系私大の入試で数学は必須化されるだろうと私は思っています。

数学を教える理由

　私は現在、永野数学塾というオンライン個別指導塾で学生から社会人、シニアの方に至るまで様々なバックグラウンドをお持ちの生徒さんに数学を教えています。

　開塾当初(2007年)は「AI人材」になり得る数学の素養を持つ者が求められていたわけではありません。また統計教育の重要性も今ほど広くは認知されていませんでした。それでも私は「数学塾」にこだわりました。それは、生徒の皆さんに**論理的思考力**を最短距離で身につけてもらうためには数学が最も効率が良いと考えたからです。

　もちろん、論理的思考力を身につけられる学問は数学以外にもあると思います。歴史学や経済学、法学などを通じ

ても論理的思考力を磨くことはできるでしょう。しかし、こういった社会に根ざした学問の場合、非常に似通ったケースであっても、一方は正しく他方は正しくないということがあり得ます。グレーゾーンのような領域が多々あり、判断が難しいのです。その点数学にはそういった玉虫色の結論がありません。いつでも白黒がはっきりするので明瞭です。

論理的思考力とは、言い換えれば「問題解決能力」に直結するものであり、それは次の7つの力の複合体であると私は思っています。

① 情報を整理する力
② 様々な視点から見る力
③ 具体化する力（イメージする力）
④ 抽象化する力（モデル化する力）
⑤ 分解する力
⑥ 変換する力
⑦ 総合し説明する力

数学を通してこれらの力が身につけば、他人が答えを出してくれるのを待つ必要はなく、自分の頭で道を拓くことができます。

いうまでもなく、21世紀は情報の時代であり、多様性の時代です。情報の洪水の中で、目まぐるしく変化する社会においては、昨日までの常識が今日からは非常識だったり、その逆だったりすることは珍しくありません。また、

個々人の環境や感性が多様化すればするほど、自分と同じ問題を抱えた人が他にはいなくなります。昔の偉い人が考えてくれたやり方を踏襲すれば事足りる時代は、とうの昔に終わりました。

だからこそ私は、今後ますます必要とされることが疑いようのない**「自分の頭で考えられる人」**を育てることを生業<ruby>業<rt>わい</rt></ruby>にしたいと決意し、数学を教えることに特化したのです。

それからもうひとつ、**数学こそ真のグローバル言語である**と確信していたことも数学塾を開こうとする気持ちを行動に変えてくれました。

かつての教え子が大学卒業後にアメリカのビジネススクールに留学したときのことを次のように話してくれたことがあります。

「特に経済学の授業では数学が共通語でした。僕は、英語はあまり得意ではありませんでしたが、そのことをハンデに思うことはなかったです。実際、僕と台湾出身の学生が2人で学年トップを取ったこともありました」

アメリカを代表するビジネス誌「フォーチュン」が年に一度発表する「Fortune 500」には、全米の企業売上上位500社がランキングされますが、そのうち約40%は移民1世か2世によって創業された企業であることをご存じでしょうか。テクノロジー関連の企業に限ると、実に60%の企業が移民によって創られたそうです。確かに Apple の故スティーブ・ジョブズの父はシリア移民でしたし、Google のセルゲイ・ブリンはロシア出身、Amazon のジェフ・ベゾスはキューバ移民2世、テスラのイーロン・マ

スクは南アフリカ共和国出身です。

　移民やその2世たちが活躍するアメリカの状況を見ていると、**グローバル社会の共通語は英語**というよりもむしろ、**数学と数学を通して身につく論理的思考力**に違いないと私は思います。

　数学が苦手な人は日常的に「すごくたくさん〜」とか「絶対に〜」などの言葉を多用する傾向があります。こういった言葉が出てくるということは、物事を曖昧にしか把握していない証拠です。比較の対象と尺度を明らかにしなければ、多いかどうか、そしてその程度がどれくらいかをいうことはできませんし、確率や統計を知っていれば世の中に100％や0％と断じられることは滅多にないとわかるはずです。

　もしかしたらそういう曖昧なものの見方であっても、バックグラウンドが同じ（阿吽の呼吸が通じる）仲間であれば、ある程度は通じるかもしれません。しかし、育ってきた環境・文化・常識が違う人が世界中から集まる場においては、数字を根拠に物事の全体像を俯瞰して判断し、数字や数式を使って情報を正確かつ具体的に伝えなければ、話を真剣に聞いてもらうことはできないでしょう。

　ビジネス界ではよく「起業するとき、0を1にするのは直感やセンスだが、1を10にし100にするのは数理である」といわれます。新しく生まれたアイディアに対して「技術的に可能かどうか」、「価値があるかどうか」等を数字で説明できたり、他人を論理的に説得できたりする能力があってはじめて、資金を集め、周囲を巻き込むことができるか

らです。

　永野数学塾では、「**大人の数学塾**」と称して大人の方に対しても数学の学びなおしのお手伝いをしてきました。私は「大人の数学塾」での経験を通して、どのような方でも何歳からでも数学を学びなおせることを、そしてしっかりと成果が出ることを知っています。本書ではこれまでの経験をフルに活用して、「数学」という**人類の共通語**を読者の皆様がものにできるように全力でお手伝いさせていただきます。

なぜ数学 I と数学 A なのか

　大人が数学を学びなおすとき、やり方は大きく分けて 2 つあります。1 つは面白そうな所、つまずきやすい所を中心にダイジェスト的に拾っていく方法、もう 1 つは学校で学ぶのと同じ順序ですべての単元をくまなく復習する方法です。

　本書では後者のスタイルを選び、特に**数学 I と数学 A の全単元**を取り上げています。

　理由はいくつかありますが、なんといっても早稲田大学の政治経済学部が「数学 I・数学 A」を入試の必須科目にしたことは本書の大きな執筆動機になりました。今後、数学 I と数学 A を受験生に課す文系私大が増えていくのは間違いないと思います。そうなると近い将来、**数学 I と数学 A は、文系出身者の「数学リテラシー」**（数学を理解し、**式を読み書きする能力**）のスタンダードになっていくはず

です。本書ではその「スタンダード」がどこまでの内容を含むのかを正確にお伝えしたいと思いました。

それから、読者の方には数学の勉強を本書で終えて欲しくないと思ったことも全単元網羅型にしようと思った理由の１つです。つまみ食い的なダイジェストをお伝えするのは、効率の良さや気楽さがあり、１冊の本として収まりは良いのですが、次に続かないという難点があります。ダイジェストでは、数学を学びなおしたいというモチベーションが高まったとしても、次は何をどのように学べばいいかがわからず途方に暮れ、そのうち情熱を失ってしまうということにもなりかねません。

しかし、全単元網羅型であれば、次にどこに進めば良いかが明確です。同じ数学Ⅰ、数学Ａをさらに掘り下げた参考書的な本に進むのも良し、話の続きとして数学Ⅱや数学Ｂに進むのもまた良しです。本書が、数学の勉強を長く続けていただくための堅牢な土台になることを願ってやみません。

ところで、受験業界ではよく「**最も難しいのは数学Ⅰと数学Ａだ**」といわれます。読者の方は意外に思われるかもしれませんね。理系の高校３年生が学ぶ数学Ⅲこそもっとも難解だろうと想像する方は多いと思います。

確かに数学Ⅲで必要とされる計算は複雑です。加えてとりわけ積分を行うためのテクニックを知識として持っていることも要求されます。しかし、数学Ⅲという科目は、大学入学後に学ぶ本格的な微分積分の準備という性格が強いため、本来の微分積分学全体から見れば初歩的な内容であ

るといえます。語弊があるかもしれませんが、パターンを知り、計算力とテクニックさえ身につければ、数Ⅲを攻略することはさほど大変ではないのです。

　数学Ⅱと数学Bは数学Ⅲへの橋渡しであると同時に、やはり大学以降で学ぶ線形代数や統計学のイロハになっています。たとえば、数学Bで学習するベクトルは、2次元（平面）と3次元（空間）の世界に限定されますが、大学以降はより抽象的な n 次元のベクトルを扱います。

　数学Ⅱ・数学B・数学Ⅲはそれぞれ、より大きな数学の世界の一部であるのに対し、数学Ⅰと数学Aの内容はある程度科目の中で完結しています。それだけに制約なく難度の高い問題が比較的簡単につくれてしまうのです。

　プロの料理人が、普通のスーパーで手に入る食材だけを使ってフランス料理と家庭料理をつくるとき、フランス料理では本来の調理をできないことが色々と出てきますが、家庭料理なら何の制限もなく思いきり腕をふるえます。この場合、家庭料理の方が料理人本人も納得のいくものがつくれるのではないでしょうか。数学Ⅰと数学Aにおける難しい問題のつくりやすさもこれに似ています。

　本書で「難しい」数学Ⅰと数学Aの内容をしっかりと身につけていただければ、先を学ぶための礎（いしずえ）が築けるだけでなく、数学的に考えることの真髄を味わうこともできるでしょう。それによって先述の論理的思考力＝問題解決能力が磨かれることはいうまでもありません。

数学Ⅰ、数学Aとはどのような科目か

　ここで数学Ⅰと数学Aの内容をごく簡単に紹介しておきます。

　中学では、未知数を x などの文字で置く方程式について学びました。高校数学では抽象度が高まるため、未知数だけでなく定数も文字で置くことが多くなり、いわゆる「文字式」がより多く登場します。数学Ⅰの最初に学ぶ**数と式**では、そのための基礎体力を身につけていただきます。

　その後、**一般の2次関数**（$y=ax^2+bx+c$ の形の2次関数）についてその性質とグラフを詳しく学びます。中学でも原点を頂点とする初歩的な2次関数（$y=ax^2$ の形の2次関数）については学びましたが、数学Ⅰで学ぶ2次関数はこれをさらに発展させたものです。また、2次関数のグラフの理解を2次方程式や2次不等式に結びつけることで、これらを視覚的に解くことができるようになります。

　直角三角形の相似から展開する**三角比**（$\sin\theta$、$\cos\theta$、$\tan\theta$）も登場します。三角比は数Ⅱで学ぶ三角関数に直接繋がる重要な概念であるだけでなく、「自分が今どこにいるのかを知りたい」という人間の根源的な欲求と共に発展してきた測量技術でもあります。

　数学Ⅰでは、**必要条件・十分条件**の考え方や高度な証明方法である**背理法**、古典数学と現代数学を分ける分水嶺ともいえる**集合**も扱います。これらは（一単元の枠を飛び越えて）すべての**論理的思考法の基礎**になるので高校数学における最重要単元であるといっていいかもしれません。

さらに、現代の社会人にとっては最も実用的な数学であり、知らないことが許されないほどそのニーズが高まっている**統計**の基礎（記述統計）も数学Ⅰの単元です。データが持っている性質をわかりやすく示すために、表やグラフにまとめたり、データのばらつきを表す**分散**や**標準偏差**を求めたりする手法が学べます。

　次に、数学Aです。数学Aには**場合の数**と**確率**の単元が入っています。

　簡単にいうと場合の数の問題とは「何通りあるか？」を求める問題ですが、指折り数えられる範囲を超えた多数のものを効率よく数えるためには場合分けをしたり、法則を見つけたりといった知性が必要になります。多数のものを数えてもらえばその人の知力の一端をうかがい知れることから、場合の数の問題は公務員試験やSPI試験等の頻出問題です。

　「確率」はもしかしたら、日常語に登場することが最も多い数学用語かもしれませんが、それだけに誤用・誤解が目立ちます。

　たとえば「1万人に1人の難病であるかどうかを調べる99％確かな検査で陽性」だとわかったら、多くの方は絶望的な気分になるのではないでしょうか？　しかし、**条件付き確率**を正しく理解すれば、99％確かな検査で陽性であっても、1万人に1人の珍しい病気なら、実際に罹患している確率は1％もないことがわかります。また、確率の理解は、一部のサンプル（標本）を調べて全体（母集団）や未来のことを「〇〇％の確率で～である」と推測する**推測統計**を

学ぶ準備としても欠かせません。

　数学Aには、三角形や円の幾何学を学ぶ**図形の性質**という単元もあります。

　古代ギリシャのプラトンは、アテネの郊外に人類最初の哲学の学校を建てたとき、その門に「幾何学を学んだ者以外はこの門をくぐってはならない」と掲げました。現代人の感覚からすると、「なんで幾何学限定なの？」「図形の性質より、方程式とか関数のことを学んでおいた方が実社会にも役立てやすいんじゃないの？」と思ってしまいますが、方程式の表記が今日的になったのも、関数という概念が登場したのも、17世紀以降のことです。紀元前の古代ギリシャの時代には代数学（方程式についての数学）も解析学（関数や微積分学についての数学）もありませんでした。

　一方、幾何学は古代ギリシャの時代にピタゴラスとその弟子たちのもとで大きく発展しました。しかも、古代ギリシャの数学者たちは、単に図形の様々な性質を見つけるだけでは満足せず、なぜそのような性質があるといえるのかを1つ1つ丁寧に証明していきました。いわゆる**論証数学**が大きく花開いたのです。

　つまり、プラトンのいう幾何学とは数学のことであり、彼は哲学を学ぼうとする者に、図形の性質についての知識を求めたのではなく、真理であることを示すための方法論の修得を求めたのでした。

　現代においても図形の性質を学ぶ目的は同じです。図形の性質を覚えることに満足せず、その1つ1つの定理を証明するプロセスを通じて、真実を導く方法を学んでいただ

きたいと思います。

数学 A の最後の単元は**整数の性質**です。

1, 2, 3, …と続く整数は誰もが幼児の頃から使っているもっとも原始的な数字であるにもかかわらず、いまだに多くのことが謎に包まれています。

たとえば、1と自分自身でしか割り切ることのできない2以上の正の整数のことを**素数**といいますが、素数を小さい順に並べたときの「2, 3, 5, 7, 11, 13, 17, 19…」という数の分布（表れ方）にはいまだに規則性が見つかっていません。

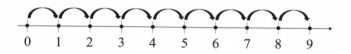

数直線の中で、整数は飛び飛びの値しか取らない「離散的な数」であるため、整数に限定して考えるのは、喩えるなら飛び石を伝って川を渡るような難しさがあります。これは、整数の他に小数や分数や $\sqrt{}$ で表される数も含む実数全体を使って考えるときにはない難しさです。

整数について研究する数学分野のことを「数論」といいますが、19世紀最大の数学者の一人であるドイツのガウスはかつて「数論は数学の女王」だといいました。これは整数を扱う数学が最高ランクに難しいだけでなく、数論における発想の多くが美しいからだと私は思います。また数論の手法や理論は独特で、ほかの分野にはあまり応用され

ないという孤高を持していることも、数論に女王然とした風格を感じる一因になっているのかもしれません。

整数の性質の単元を通して、そのような考え方に触れることで、新しいものの見方、美しく柔軟な発想を身につけていただくことができるでしょう。

本書の特色

本書はこれまで**数学を避けてきた、あるいは数学とは縁遠くなってしまった文系の社会人の方**を主たる対象としています。中でも、数学的素養を持つことのニーズが日に日に高まっていることが感じられるものの、何をどこまで学びなおしたら良いかがわからず、気ばかりが焦ってしまっている方は、本書のメインターゲットです。

前述の通り、数学Ⅰと数学Aの内容は、今後文系の方にとっての数学リテラシーのスタンダードになっていくでしょう。本書ではその内容を余すところなくお伝えし、「**ここまでわかっていれば大丈夫**」という範囲とレベルを示します。

学生時代の数学の勉強といえば、ひたすら問題を解いたという記憶をお持ちの方が多いかもしれません。しかし、数学の勉強では、次の3つをバランス良く行うことが重要です。

「理系あるある」ですが、理系の大学に進学して数学の授業を受けると、大抵の学生は面食らいます。なぜなら授業のほとんどが「1＋1とはどういうことか」のような定

```
数学の勉強法
① 定義の確認
② 定理・公式の証明
③ 問題演習
```

義の確認といくつかの重要な定理の証明に費やされるから
です。授業の中で行われる問題演習やその解説の時間は高
校時代に比べると極端に少なくて、ひどいときは試験の2
週間くらい前になってようやく教授から「演習問題は教科
書に載っているので各自やっておいてください」といわれ
るだけのこともありました。

　中高の数学の授業で問題演習の時間が多いのは、先に入
試が待っているからでしょう。私からいわせると、中高の
数学であっても、定義の確認と定理・公式の証明をきちん
とやらなければ、未知の問題が解けるようにはならないの
でこれらを圧縮してしまうことは本末転倒であり、大反対
なのですが、学校や塾では入試問題を解けるようになると
いうことがどうしても授業の主眼になりがちなのは仕方の
ないことかもしれません。

　しかし、数学を勉強する本来の目的は、**数学の概念の意
味と意義を理解し、それを自分の思考法にも取り入れられる
ようにすること**です。受験生の得点をばらつかせて合否を
決するための凝った問題が解けるようになることは主な目
標ではありません。

　特に大人の方が「数学リテラシー」を身につけるために

数学を学び直されるときは、1つ1つの言葉の意味を確実に頭に入れることと、定理や公式が導き出されるプロセスを理解することに集中してください。問題演習は二の次、三の次で構わないのです。

本書では、定義の確認と定理・公式の証明に重点を置くとともに、その**数学が実社会でいかに役立ち、論理的思考力の形成にどのように貢献する**のかをお伝えすることにもこだわって書きました。

たとえば、関数の理解は因果関係を緻密に考えられる力につながります。y が x の関数であるとき、x と y の関係は原因と結果の関係と捉えることができるからです。

また、図形についての証明を学ぶことで、人を論理的に説得するためには欠くことのできないスタイルがあることも学べます。

それから、本書がハードカバーの単行本や学校で配る教科書ではなく、「新書」であるということも意識しました。正直、内容は気楽なものではないかもしれませんが、語り口や切り口はできるだけ平易であるように心掛け、実用例やたとえ話を随所に盛り込んで、ページをめくる手が途中で止まってしまうことのないよう気をつけたつもりです。

私は常々、**数学的でありたいと願う心は、美しくありたいと願う心に似ている**と思っています。仕事や日常生活の中で自然と数学的に考えられるようになるためには、まずは**真似をしたい**と思えるほど数学に魅力を感じていただくことが大切です。人から強制されているうちは数学的な思考法はなかなか身につきません。

来るべき「数学必須」時代に向けて、本書が最初の一歩となり、読者の皆さんが数学を好み楽しむきっかけになれば、筆者としてこれ以上の喜びはありません。

　執筆にご協力いただいた山路達也さんと編集をしてくださった NHK 出版の依田弘作さんほか、本書の成立にご尽力いただいたすべての方に、この場をお借りして厚く御礼申し上げます。

2022 年 3 月
永野裕之

第 1 章

森羅万象をモデル化するため
の基礎体力

数 と 式

高校数学は、まずこの第1章「**数と式**」から始まります。中学数学では文字式や負の数を最初に学び、それを元にして方程式を解いたり関数を考えたりできるようになりました。高校数学における「数と式」もすべての基礎になる部分ですから、しっかりポイントを押さえていくようにしましょう。

展開の公式を図で理解する

　頻繁に登場する公式として、「展開の公式」を紹介しておきます。

$$1 \quad (x+a)^2 = x^2 + 2ax + a^2$$
$$2 \quad (x+a)(x-a) = x^2 - a^2$$
$$3 \quad (x+a)(x+b) = x^2 + (a+b)x + ab$$

　展開の公式はほとんど中学で学んでおり、単純に計算を繰り返せば得られるものですから、今一つ面白みに欠けます。

　そこで、この展開の公式を図で理解してみましょう。

　1と3に関しては、それほど難しくありません。

　図1-01は3の公式を図にしたもので、$x+a$ と $x+b$ の辺を持つ長方形の面積を求めるのと同じことになります。b の代わりに a を入れると、1の公式ができ上がります。

　重要なのは2の式です。これを日本語で表すなら「**和と差の積は平方の差になる**」とでもいいましょうか。数学が

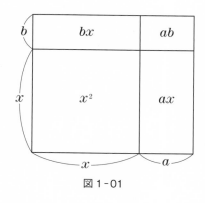

図 1 - 01

好きな人は、こういうシンプルな式が大好きです。$x+a$
と $x-a$ を掛け合わせることで余計な項が出てこなくなる。
それを美しいと感じるわけです。あとで出てくる因数分解
も含め、2の式は頻繁に活躍することになります。

　さて、2の式も図解しておきましょう（図 1-02）。

　上辺 a、下辺 x、高さ $x-a$ の台形を2つくっつけた長
方形があるとします。片方の台形をひっくり返して回転さ
せると、図 1-02 右のような L 字型の図形になります。こ
の図形の面積は、一辺 x の正方形から一辺 a の正方形の面
積を引いたことになる、つまり x^2-a^2 になるわけです。

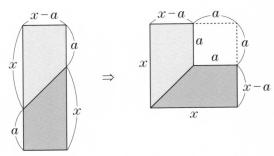

図1-02

展開の公式を暗算に活用する

　展開の公式は数学の問題に頻出しますが、実生活でも応用できます。一番身近な例は、ちょっとした暗算でしょう。

　たとえば、102の2乗を計算する場合。頭の中で102×102と計算するのは大変ですが、これを「100＋2」の2乗と考えるわけです。そうすれば、展開の公式の1が使えるようになります。なお、本書では掛け算の記号として「×」のほかに以下のように「・」を使うことがあります。

$$102^2 = (100+2)^2$$
$$= 100^2 + 2\cdot100\cdot2 + 2^2$$
$$= 10404$$

　また、インドの学校では**19×19**までの**掛け算を暗記**するそうですが、展開の公式で似たようなことを行うこともできます。たとえば、13×16を計算するのであれば、これを$(10+3)$と$(10+6)$の掛け算だと考えるのです。

$$13×16 = (10+3)(10+6)$$

$$=10^2+(3+6)\cdot10+3\cdot6$$
$$=100+90+18$$
$$=208$$

　途中にある、$10^2+(3+6)\cdot10$ をさらに簡単に計算したければ、10で括って $10\cdot(10+3+6)$ と考えることもできます。つまり、13 に 6 を足して 19 にする。19 を 10 倍して 190、それに 1 の位同士を掛けた 3×6 を足せば答えを出せます。

$$13\times16=(10+3)(10+6)$$
$$=10\cdot(10+3+6)+3\cdot6$$
$$=190+18$$
$$=208$$

　19×19 までの 2 桁同士の掛け算は、①一方の 1 の位を他方に足し、②10 倍して、③1 の位同士の掛け算を足す。この 3 ステップで済みますから、慣れてくればかなりのスピードで暗算できるようになります。

　また、63×67 のように「**1 の位を足すと 10 になり、しかも 10 の位が同じ**」という条件を満たす 2 桁同士の掛け算は、展開の公式を使って次のように暗算することができます。

$$63\times67=(60+3)(60+7)$$
$$=60^2+(3+7)\cdot60+3\cdot7$$
$$=60\cdot60+10\cdot60+3\cdot7$$
$$=60(60+10)+21$$
$$=60\cdot70+21$$
$$=4200+21$$
$$=4221$$

　結局、①10 の位の一方を「1」だけ増やして、10 の位

同士を掛け算、②1の位同士を掛ける、③それぞれを並べて書く、という3ステップだけです。

　これを使うと、たとえば「34×36」は「3×(3+1)＝12」と「4×6＝24」を並べて書いて

$$34 \times 36 = 1224$$

とたちどころに暗算できます。

3次式の展開公式を図で理解する

　数学Ⅰの教科書では、応用として3次式の展開も紹介されています。

$$(a+b)^3 = a^3 + 3a^2b + 3ab^2 + b^3$$

になるわけですが、これを図解すると図1-03のようになります。

　一番手前の立方体は一辺の長さが a ですが、各辺の長さを b ずつ伸ばします。つまり、$(a+b)^3$ は一辺の長さが

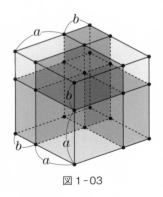

図1-03

$a+b$ である立方体の体積を求めることと同じです。

　ここでいいたいのは、3次式についても展開の公式を暗記せよということではありません。**2次の展開公式が出てきたら面積で、3次の展開公式が出てきたら体積で考える。**そういう感覚を養っていただきたいということです。

因数分解はなぜ重要か

　展開の公式に続いて、整式の重要な変形が**因数分解**です。

　x^2-x-6 という整式があったら、これを $(x+2)(x-3)$ のように積の形で表すことが因数分解なのですが、ではそもそもなぜこのようなことをしなければならないのでしょうか？

　その理由は、**和よりも積の方が情報量が多い**から、です。

　たとえば、a と b の和を表した $a+b=0$ という式があったとしましょう。ここからどんな情報がわかるでしょうか。この式は、$a=-b$ と変形できますから、a と b の絶対値は等しくて、符号が逆だとわかりますが、それだけです。

　対して、$ab=0$ という式はどうでしょう。この場合、少なくとも a か b のどちらかは 0 だとわかります。

　さらに、$a^2+b^2=0$ という式になれば、a と b の両方が 0 であると確実にいえます。

　一般的に和と積では、積に向かうほど情報量が増えます。$a^2+b^2=0$ の形は稀ですが、もし見つかればもうけものです。

和よりも積の方が情報量が多い

図 1-04

　和（足し算）の状態を、積（掛け算）の状態に持っていくことで、情報を増やす。因数分解は、情報を増やすための作業だと思ってください。

　少し複雑な例で、因数分解の意義を説明してみましょう。

　$x^3 + x^2 y - x^2 - y$ という整式を因数分解するとします。

　中学で学んだ因数分解の公式は、

1　$x^2 + 2ax + a^2 = (x+a)^2$
2　$x^2 - a^2 = (x+a)(x-a)$
3　$x^2 + (a+b)x + ab = (x+a)(x+b)$

というもので、これは先に出てきた展開の公式をひっくり返しただけのものです。しかし、$x^3 + x^2 y - x^2 - y$ という整式は、単純に公式を当てはめても因数分解できません。

　因数分解を行う際のポイントは、まず**次数の低い文字について整理**することです。なお、「次数」とは掛け合わせた文字の個数を指します。

　なぜ最初に次数の低い文字について整理するのか、もう

少しイメージしやすくしてみましょう。

　体育館に老若男女が多数集まっている様子を想像してみてください。その人達を小さなグループに分けて整理するとしたら、どのように進めるのが効率がよいでしょうか。

　人の属性は、出身地や血液型などいろいろありますが、まず男性と女性でざっくり分けるのが簡単でしょう。そうやって分けてから、血液型なり出身地なりで分けていけばスムーズに整理できます。

　別の例として、教科書や参考書がたくさん入った本棚が地震で倒れてしまって、ぐちゃぐちゃになってしまったケースを考えてみます。これを効率的に整理するにはどうすればいいでしょう。本の属性としては、出版社や著者がありますが、教科書や参考書ならまず科目別に整理するのが手っ取り早そうです。

　同様に数式も、**分類項目が少ない、つまり次数が少ないものから整理をしていく**のです。

　$x^3+x^2y-x^2-y$ の例でいえば、最初に x について整理しようとすると、3次の項、2次の項、1次の項、定数項を相手にすることになって大変ですが、y について整理するのであれば、1次の項と y を含まない項だけになります。

$$x^3+x^2y-x^2-y=(x^2-1)y+(x^3-x^2)$$

　このように整理し、今回の式を因数分解できるならば、y の係数になっている (x^2-1) に関連する要素が、定数項である (x^3-x^2) の方にもあるはずだと見当を付けられます。

(x^2-1)を因数分解すると$(x+1)(x-1)$、yを含まない項の方もx^2で括り出すと$x^2(x-1)$。これで$(x-1)$という共通項が見つかりました。

$$x^3+x^2y-x^2-y=(x^2-1)y+(x^3-x^2)$$
$$=(x+1)(x-1)y+x^2(x-1)$$
$$=(x-1)(x^2+xy+y)$$

もちろん、実際には因数分解できない式もたくさんあり、それらについては個別に対応する必要があります。しかし、因数分解にはパズルのような楽しみがあると同時に、情報が増えるという得もあります。

まずは、分類項目の少ないもので整理し、共通するものを見つけて括り出す。因数分解を通して、**効率の良い情報整理のイメージ**をつかんでいただければと思います。

数の概念は、次第に広がってきた

人間は幼児の頃から、1、2、3、4、5、6……と数を数える行為に親しんでいますが、数を数えるのは人間だけに限りません。イルカやカラス、ハチなどの動物も数の概念を認識しているという実験結果が出ています。しかし、いくらイルカやカラスの知能が高いといっても、分数やゼロの概念を理解しているわけではなさそうです。

クロネッカーというドイツの数学者は、「自然数は神が造りたもうた数だが、それ以外の数は人間がつくり出した」と述べています。人間は自然数（1以上の整数）を元に、分数、ゼロ、負の整数、有理数、無理数と数の概念を拡張し

てきました。これらの数を引っくるめて、実数と呼びます。数学Ⅰの範囲で扱うのは、実数までですが、数学Ⅱになると２乗すると負になる数、虚数が登場します。虚数と実数から構成される複素数によって世界は大きく広がったわけですが、それは今後のお楽しみとして、ここでは実数について学ぶことにしましょう。

　実数の中で特に大事なのが、有理数と無理数です。昔からいわれていることなのですが、これらの用語はネーミングがまずい、誤訳だとまでいう人もいます。

　"rational number"、"irrational number" の訳語が有理数、無理数です。"rational" には「理に適っている」という意味がありますから、「有理」「無理」と訳したのでしょう。しかし、ここでの "rational" は "ratio"、「比」から来ていると考えた方がよさそうです。要するに、比の形で表せるのが有理数、表せないのが無理数ということですね。つまり、有理数は、分母も分子も整数の分数で表せる数。無理数は、有理数でない数です。

　人によっては、無理数は理解しがたい概念かもしれません。なにせピタゴラスの定理で有名なピタゴラスでさえ、無理数は理解できなかったのですから。

　ピタゴラスは、音楽で使われる音階、「ドレミファソラシ」の仕組みを調べ、音同士の関係が整数の比になっていることを明らかにしました。音楽のように感覚に訴えかけるものですら、整数の比で表せるのだから、どんなものでも（整）数で表せるに違いない──。ピタゴラスは「万物は数なり」と宣言し、宇宙の真理を探究するための教団も設立

します。

　ところが、教団メンバーで航海している最中、弟子の1人が直角三角形を調べているうちに、どう頑張っても各辺の比を整数の比で表せない直角三角形があることを発見してしまったのです。教団はこの不都合な真実を隠蔽しようとし、発見した弟子(無理数の存在を公表しようとした人物という説もあり)を海に放り込んで殺してしまったという伝説があります。

　ピタゴラス教団はとても愚かしいことをしてしまいましたが、では無理数というものを現代人がきちんと理解しているかといえばそうとも限りません。

　たとえば、「$\sqrt{a}$ は何を表していますか?」と訊かれて、すぐ正確に答えられる人はそれほど多くないように思います。あなたはどう答えますか?

　多少勉強をしている人なら、「2乗すれば a になる数」と答えるかもしれません。

　けれど、この答えでは不十分。「2乗すれば a になる数」は a の平方根です。

　$\sqrt{a}$ は、「2乗すると a になる数のうち、**正の方**」となります。

　このことを図で表してみましょう。2次関数とグラフについては後の章で詳しく説明しますが、$y=x^2$ のグラフを描き、$y=a$ という直線を描き入れます(a は正の数)。

　$y=x^2$ と $y=a$ の交点が「$x^2=a$」という2次方程式の解を表しています。図 1-05 を見ていただくと、2乗すると a になる数は2つあることがわかります。

$\sqrt{a}$ …2乗すると a になる数のうち正の方

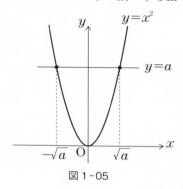

図 1 - 05

　実をいえば、平方根のうちどちらを $\sqrt{a}$ と定義してもかまわなかったわけですが、さすがに負の方を $\sqrt{a}$ とするのはあまのじゃくすぎるでしょう。そういうわけで、正の方を $\sqrt{a}$ 、負の方を $-\sqrt{a}$ と定義することになりました。

数学の勉強で必要な 3 つのこと

　前述の通り、数学を勉強する上で、大事なポイントは 3 つあります。

　1 番目は、**定義の確認**。2 番目が**定理・公式の証明**。そして 3 番目が**問題演習**です。

　理想的には、これら 3 つすべてを $\frac{1}{3}$ ずつくらいのエネルギーを使って行うべきだと思います。だけど、生徒たちが勉強している姿を見ると、問題演習ばかりやっている。定

義の確認はほとんどしていないし、定理・公式は丸暗記しようとする。

　そういうことをずっとやっていると、数学がわからなくなってしまいます。

　なぜ定義の確認が重要なのか。

　数学を勉強する大きな目的の1つは、**論理的思考力の育成**だからです。

　私たちは、論理的に物事を考えようとするとき必ず「言葉」を使います。その言葉が不正確だと、きちんとした推論はできません。

　たとえば、「子どもの理系離れ」というテーマで議論をするとしましょう。ある人にとって子どもとは小学生くらいを指すのかもしれませんし、別の人にとっては大学生も含めた学生全般だということもあるでしょう。きちんと最初に言葉の定義をしておかないと、不毛な議論になりかねません。

　その点、理系の人間は言葉の定義に拘泥するあまり、おかしなことをいい出してしまったりもしますけれど……。グループ写真を撮ろうとしているカメラマンが「1＋1は？」と聞いたとき、「2」と元気よく答えればいいものを、理系のグループは考え込んでしまう。もしかしたらここでいっている「1」は2進法で表されているのかもしれないし、1ダースと1個かもしれない——。その1の定義がはっきりしないから答えようがないといって悩んでしまったりもします。

　そこまでいかなくても、みなさんには言葉の定義に敏感

になっていただきたいと思います。根号$(\sqrt{a}\,)$などの記号が出てきたら、何となく知っているではなく、その記号が意味することを100％理解するよう心がける。それが論理的思考力を養う訓練の第一歩です。

「実社会でそんな堅苦しいことをいっていては煙たがられる」という人もいるでしょうが、言葉の定義が曖昧なまま、なあなあで済ませる癖がついているといつかきっと痛い目を見ることになります。

「午前9時から始業」というのは、午前9時に会社に来ていればいいのか、午前9時に仕事が始められるように準備しておくことなのか。「月給20万円」は、額面なのか手取りなのか、税込みなのか税抜きなのか。

世の中にはたくさんのローカル定義がありますから、きちんとその定義を確認しないと損をしてしまいます。必要なときには、「ここでいう ×× というのは、○○ということですか？」と尋ね、臆することなく定義を確認できるようになりましょう。

「分母の有理化」は必須ではない

根号で表される無理数は、分数で表すことができません。小数で表そうとすると、小数点以下、無限に不規則な数が並びます。

絶対に必要というわけではないですが、代表的な数についてはルートの値を大まかに覚えておくと何かと便利です。

過去に東大の入試で「円周率が3.05より大きいことを

証明せよ」という問題が出たことがありましたが、それを解く際にも平方根の大まかな値が手がかりになりました。参考までに、よく出てくる無理数のだいたいの値を覚える語呂合わせを図1-06に紹介しておきます。

　さて、中学の数学では、分母が無理数だと、（分母から）根号をなくす「分母の有理化」をするよう求められました。

　ただ、高校数学では、絶対に分母の有理化をやらなければならないというわけではありません。やった方が便利なときはやろう、くらいでしょうか。大学になると、分母の有理化はまったくいわれなくなります。

　中学では図1-07のような「分母の有理化」を習います。

　でもこれは単に、**約分をしているだけ**です。

$\sqrt{2}$	一夜一夜に人見頃 ＝1.41421356…
$\sqrt{3}$	人並みにおごれや ＝1.7320508…
$\sqrt{5}$	富士山麓オウム鳴く ＝2.2360679…
$\sqrt{6}$	似よよくよく ＝2.44949
$\dfrac{\text{菜}}{\sqrt{7}}$	に虫いない ＝2.64575…
$\sqrt{10}$	三つ色「2」並ぶ ＝3.1622…

図1-06

$$\frac{6}{\sqrt{2}} = \frac{6}{\sqrt{2}} \times \frac{\sqrt{2}}{\sqrt{2}}$$

$$= \frac{6\sqrt{2}}{2}$$

$$= 3\sqrt{2}$$

$\left. \vphantom{\begin{matrix}a\\b\\c\end{matrix}} \right\}$ 中学式

$$= \frac{3\sqrt{2^{2}}}{\sqrt{2}} = 3\sqrt{2}$$

$\left. \vphantom{\begin{matrix}a\\b\end{matrix}} \right\}$ 約分

図 1-07

　数学Iでは三角比が登場し、$\cos 45° = \dfrac{1}{\sqrt{2}}$ といった値が頻出するようになります。こうした場合、分母の有理化を行って $\dfrac{\sqrt{2}}{2}$ にすることもできますが、$\dfrac{1}{\sqrt{2}}$ のままのほうがシンプルでよいという考え方もあります。ただ、具体的な値を出したいときなどは、分母を有理化して、$\dfrac{\sqrt{2}}{2}$ にした方が便利かもしれませんね。$\sqrt{2}$ はだいたい 1.4 くらいですから、その半分ということで約 0.7 と見当を付けられます。

高校数学、最初のつまずきポイント「絶対値」

　絶対値は、中学1年で負の数を勉強したあと、すぐに学ぶことになります。|3| は 3 ですし、|−3| はマイナス記号を取って、やはり 3 にするだけです。

ところが数学Ⅰでは文字式が入ってくるため、途端に厄介(やっかい)になります。

　図1-08を見て、「あれ、絶対値って正の数なのになんで−*a*と、マイナス記号が付いているの？」と思った人はいませんか。負の数にマイナス記号が付いたことで、正の数になっているのですが、文字式で書かれているとつい混乱してしまいます。

　絶対値はよく、高校数学最初のつまずきポイントといわれたりします。

　混乱しないよう、絶対値の定義を確認しておきましょう。**絶対値は、数直線の原点からの距離です。**正の数ならそのまま、負の数だったら符号を逆にする、という単純な理解から発展してずいぶん本格的な定義になりました。

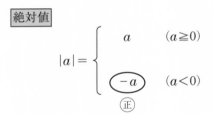

$$|a| = \begin{cases} a & (a \geqq 0) \\ -a & (a < 0) \end{cases}$$

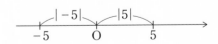

絶対値…数直線上の原点からの距離

図1-08

数学Ⅲでは、2乗すると負になる「虚数」を使った複素数平面が登場しますが、ここでも絶対値は頻出します。「数直線の原点からの距離」という絶対値の定義は、より高等な数学でも使えるようになっているのです。

　この絶対値の定義と先に出てきたルートの定義を合わせると、とても重要な公式が手に入ります。

　$\sqrt{3^2}$ は、$\sqrt{9}$。2乗すると9になるのは、「3」か「−3」のどちらかですが、ルートの定義から正の「3」です。

　一方、$\sqrt{(-3)^2}$ は、どうか？

　これもやはり $\sqrt{9}$ なので、同じく答えは「3」です。

　ルートの定義がわかっていないと、「−3」と答えてしまいかねないので注意してください。

　一般化すると、$\sqrt{a^2}$ の答えは、いつも a なわけではなく、a のときと、$-a$ になるときがあるのです。

　この関係をどこかで見たことがあるかと思います。これは、まさに絶対値の定義なのです。

　ここまでの説明をまとめると、図1-09になります。

　$\sqrt{a^2} = |a|$ という公式は、おそらく高校生が忘れる公式のベスト5、いやワースト5に入るでしょう。

　絶対値もルートもだいたいわかったようなつもりで高をくくっていると、両方から導かれる公式の意味が曖昧になってしまいます。

　数学の勉強法として、定義の確認、定理・公式の証明に私がこだわる理由もそこにあります。

　定理・公式を丸暗記しているだけだと、似たような問題、やったことのある問題しか解けません。ですが自分でしっ

$$\begin{cases} \sqrt{3^2} = \sqrt{9} = 3 \\ \sqrt{(-3)^2} = \sqrt{9} = 3 = -(-3) \end{cases}$$

$$\sqrt{a^2} = \begin{cases} \boxed{\begin{array}{ll} a & (a \geqq 0) \\ \\ -a & (a < 0) \end{array}} \\ \qquad\qquad |a| \end{cases}$$

$$\Rightarrow \sqrt{a^2} = |a|$$

図1-09

かり証明していれば、それを使って別の問題に応用できると気づけます。それに、一度自分で導き出した公式は忘れにくくなります。

　数学に慣れないうちは、たくさんの記号が出てきて、うんざりするでしょう。大きな理由の1つは、根号（$\sqrt{}$）や絶対値など簡単そうで何となく知っているつもりの記号について、きちんとした定義を理解していないことにあるのではないでしょうか。

　1つ1つの定義をきちんと確認する習慣をつけておけば、記号を使って明確かつシンプルに表すメリットが感じられるようになるはずです。

第2章

「風が吹けば桶屋が儲かる」は
論理的には正しくない

集 合 と 命 題

意外に新しい「集合」の概念

第2章では、**集合と命題**について学んでいきます。

日常的な意味での「集合」はいくつかのものが一箇所に集まることを指しますが、数学の「集合」はもっとはっきりしています。

「きれいなもの」とか「大きいもの」が集まったとしても、それは(少なくとも数学的には)集合とはいえません。数学の**集合**は、**その範囲がはっきりしている**ものを指します。「きれいなもの」といわれても、どこからどこまでがきれいかはわかりませんね。

たとえば、「12の約数」といえば、それは集合です。集合は有限である必要もありません。偶数は無限にありますが、ある数が偶数かどうかは明確に判断できるので、「偶数の集まり」は集合です。

数学の集合は、実は意外と新しい概念です。19世紀後半、カントールという数学者が「無限」を論理的に捉えようとして編み出しました。

それから半世紀ほど経った1930年代、今度はニコラ・ブルバキという数学者が――ニコラ・ブルバキはペンネームで実際は数学者集団だったのですが――、集合に関する論文を次々と発表し始めました。ニコラ・ブルバキは、あらゆる数学の分野を集合論の上に再構築しようという、壮大な意図を持っていたのです。

それまで数学の各分野、幾何学、代数学、微分積分学、統計学、確率論といったものは、雑居ビルに同居している

ようなものでした。分野同士の関係がよくわかっていなかったのです。しかし、集合論を使うことで、無関係に思えた分野を体系的にまとめ上げられることがわかりました。ニコラ・ブルバキの企てが、現代数学への扉を開いたという人もいます。

日本では、昭和40年代に集合論が注目されるようになりました。多くの数学者にとって集合論はパラダイムシフトであり、これから数学を学ぶ学生は、みな集合を学ぶべしという気運が盛り上がったのです。そういうわけで今の数学カリキュラムでは、中学でほんの少し、高校でもう少し集合に触れることになっています。

ただ正直にいえば、高校で学ぶ範囲では集合の本当のすごさは今ひとつ伝わってきません。大学に進んで、無限について学ぶようになって始めて、「集合ってすごい！」と驚嘆することになるのです。大学数学は集合論さえ勉強しておけばいい、とまでいい切る人もいます。

そうはいうものの、集合論のごく基本的な概念と記号は覚えておいて損はありません。集合論では、集合Aと集合Bの関係を次の図2-01のように表します。

AとB両方に属する要素全体の集合である**共通部分**(積集合ともいいます)は$A \cap B$、AとBのいずれか、または両方に属する要素全体の集合である**和集合**は$A \cup B$と表しますが、場合の数や確率、統計等でもこれらの記号は頻出しますから、ここでしっかり学んでおきましょう。ちなみに、共通部分$A \cap B$に線を書き足すと帽子に見えるのでAキャップB、和集合$A \cup B$に取っ手を描き足すとコーヒー

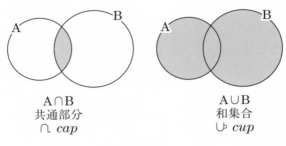

A∩B
共通部分
∩ cap

A∪B
和集合
∪ cup

図2-01

カップに見えるのでAカップBと呼びます。

　こうした集合の基本的な概念がわかっていると、論理的な証明も理解しやすくなります。

ド・モルガンの法則を図で理解する

　共通部分、和集合と並ぶ、集合の基本的な概念が「全体集合」と「補集合」です。

　全体集合というのは、指定した範囲の要素を含むすべて、ユニバースのこと。全体集合Uの中にいくつかの要素を集めた部分集合Aがある、というように考えるのが一般的です。

　そして、集合Uの内側ではあるけれど、集合Aの外側をAの**補集合**といい、$\overline{A}$で表します。集合Aにその補集合$\overline{A}$を補うと全体集合になることからこの名前がつきました（図2-02）。

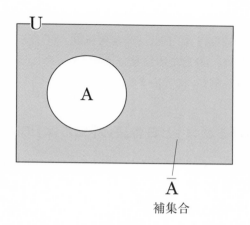

補集合

図 2-02

$$\overline{A \cap B} = \overline{A} \cup \overline{B}$$

$$\overline{A \cup B} = \overline{A} \cap \overline{B}$$

$$\begin{cases} \overline{\cap} = \cup & (\overline{\text{かつ}} = \text{または}) \\ \overline{\cup} = \cap & (\overline{\text{または}} = \text{かつ}) \end{cases}$$

図 2-03

　和集合 $A \cup B$ や共通部分 $A \cap B$ の補集合についての法則を示したのが、**ド・モルガンの法則**です（図 2-03）。

　ド・モルガンの法則のポイントは、「A かつ B」の否定が「A ではない」または「B ではない」になり、「A または B」の否定が「A ではない」かつ「B ではない」になること。

言葉で説明するとややこしいですが、図2-04のように、Aとその補集合$\overline{A}$、Bとその補集合$\overline{B}$、$A \cup B$とその補集合$\overline{A \cup B}$、$A \cap B$とその補集合$\overline{A \cap B}$を実際に描いてみると、理解しやすいと思います。

数学の「または」と日常語の「または」の違い

　集合に限らず数学で気をつけてもらいたいのは、用語の意味が日常的に使われているものとは異なる（ことがある）ということ。

　たとえば、先に出てきた「AまたはB」という表現。日常生活で「コーヒーまたは紅茶？」と訊かれたら、コーヒーか紅茶のどちらか二者択一だと思うでしょう。ところが数学の場合、「コーヒーまたは紅茶」だとコーヒーと紅茶の両方をいっぺんに頼むケース（コーヒーと紅茶の共通部分）も含まれることになります。

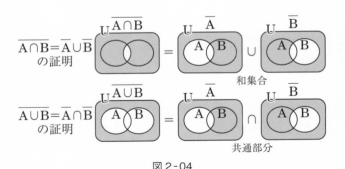

図2-04

必要条件と十分条件は論理的思考の基本

集合について基本的な用語を紹介したところで、**必要条件**と**十分条件**に入りましょう。

論理的に物事を考える、その第一歩を踏み出せるかどうかは、必要条件と十分条件をきちんと理解できるかどうかにかかっています。

図2-05のような例を考えてみましょう。

集合Pは横浜市在住の人、集合Qは神奈川県在住の人とします。このようになっている場合、「PならばQ」は必ず「真」、つまり「正しい」ですね。

「PならばQ」という文を「P⇒Q」と矢印を使って表すとき、矢印の根本にある「Pである」という文や式を**十分条件**、矢印の先端にある「Qである」という文や式を**必**

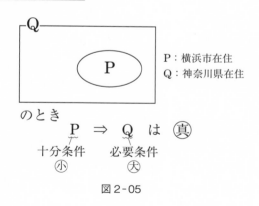

必要条件と十分条件

P：横浜市在住
Q：神奈川県在住

のとき

P ⇒ Q は 真

十分条件　　　必要条件
小　　　　　大

図2-05

要条件といいます。

　ここでまた用語についての注意です。先ほど、日常語の「または」と、数学用語の「または」の違いを説明しましたが、数学で使う「必要」「十分」も日常語とは少し意味が異なっています。

　「P（横浜市在住）ならば、Q（神奈川県在住）」の例で説明すると、神奈川県在住であることは横浜市在住であるために少なくとも必要だという意味で「必要」。一方、横浜市在住であることは神奈川県在住であるために十分、「お釣りが来ますよ」という意味で「十分」といいます。

　日常語では十分や必要という言葉をなんとなく使っていますが、数学用語の「必要」や「十分」は文や式の関係を厳密に表しています。

　とりあえず、「P ならば Q」という形式の文があって、それが正しいとき、「ならば」の前に来るのが「十分条件」、後に来るのが「必要条件」だと思っておいてください。

　もちろん、十分条件、必要条件を考えるとき、P や Q だけをそれぞれ取りだして十分条件、あるいは必要条件ということはできません。あくまで、「P は Q であるための十分条件」、「Q は P であるための必要条件」というように、2つの文や式の関係を表したものになります。

　また、十分条件、必要条件を考えるときには、図もいっしょに思い浮かべるようにしてください。先に出した図では、**小さい P が大きな Q の十分条件、大きな Q は小さな P の必要条件**になっています。

　日常生活において、私たちが何かを選ぼうとするときは、

まず必要条件を使って選択の範囲を狭めようとするでしょう。ランチに何を食べるのかを考えるとき、予算が1000円しかないなら、「ランチは1000円以下である」ことが必要条件になります。その必要条件を忘れ、うっかり高級フレンチにでも行こうものなら、途端に予算不足になってしまいますね。

クローゼットから着ていく服を選ぶときもそうでしょう。私たちは何でもいいから今着たい服を着るのではなく、無意識にその日の天気、季節に応じた服を選ぶものです。この場合、「寒さを防げる服である」、「暑さをしのげる服である」という必要条件によって服の候補を絞り、さらにTPOに合うという必要条件も加え、残ったいくつかの中から着たい服を選んでいます。

必要条件によって範囲を狭め、検討する範囲が固まったら、1つ1つについて十分であるかどうかを吟味していく。これは、すごく数学的なものの考え方です。

逆に、何かを証明したいときには、小さい集合から大きな集合へと向かうように物事を考えます。小さい集合「横浜市在住」からスタートして、「神奈川県在住」という結論を導くのは真であるというわけです。

小さい方から大きい方へと矢印が向かうように論理を進めていくと、必ず正しい結論が導けます。

間違った推論の例としては、「風が吹けば桶屋が儲かる」があります。なぜ間違っているのでしょうか。

「風が吹けば桶屋が儲かる」は、

「風が吹く」

↓

「土ぼこりが立つ」

↓

「土ぼこりが目に入って眼が見えなくなる人が増える」

↓

「眼の見えない人が、お金を稼ぐために三味線を買う」

↓

「三味線の材料にするためネコが捕まえられる」

↓

「天敵のネコがいなくなるので、ネズミが増える」

↓

「ネズミが桶をかじる」

↓

「桶の需要が増える」

↓

「桶屋が儲かる」

という構造になっています。

　古典的な笑い話に野暮なツッコミですが、最初の段階ですでに論理が破綻しています。風が吹いたからといって、眼が見えなくなるとは限りません。普通に考えれば、風が吹いて眼が見えなくなる人は全体のごく一部でしょう。この段階で、論理の矢印は大から小に向かってしまっています。

　「風が吹けば桶屋が儲かる」はたわいない笑い話ですが、世間には同じような構造の、笑えない怪しい情報があふれています。

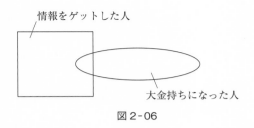

情報をゲットした人

大金持ちになった人

図2-06

「この情報をゲットすれば、必ず大金持ちになれますよ」などという情報商材の宣伝文句はその典型です。

「この情報をゲットした人ならば大金持ち」という命題になっているわけですが、これを図で描いてみると図2-06のようになります。

情報をゲットしても大金持ちなれない人はいるはずですし、情報をゲットしていなくても大金持ちの人もいっぱいいます。「大金持ちの人」の集合が「この情報をゲットした人」の集合から飛び出していますから、嘘だと簡単にわかります。「小さい方」⇒「大きい方」が必ず真になるのは、**小さい方が大きい方に完全に含まれているときだけなので**注意して下さい。

嘘情報の話ではありませんが、たとえば病気にかかって、お医者さんから、「あなたの病気は手術をすれば治ります。ですから、あなたはこの手術を受ける必要があります」といわれたとしましょう。

お医者さんとしては、患者を治したいからこそこういう言い方をするのでしょうが、「手術を受ける」と「病気が治る」の関係を図にすると図2-07のようになります。

あなたの病気は、手術をすれば治ります
　ですからあなたは手術を受ける必要があります

図2-07

　この場合、「手術を受ける」は「病気が治る」の十分条件になっていますから、手術を受ければ治るのでしょう。しかし、「病気が治る」条件は、「手術を受ける」以外にもありえます。もしかしたら漢方薬でも治るかもしれません。となれば、別の医師にセカンドオピニオンを求めた方がよいということにもなります。

　「AならばB」、だから「BするためにはAが必要です」と説得してくる人は多いものです。しかし、それが本当なのかどうかは、こうやって論理を追って検証しなければなりません。

命題が正しいかどうかを証明する

　ある事柄が正しいか、正しくないかを判定したいとしましょう。この事柄を「命題」といいます。

　命題というのは意味の取りにくい用語ですが、英語ならば"proposition"、提案です。誰かが「××なら○○ですよ」と提案してきて、あなたはそれが正しい(真)か正し

58

くないか(偽)かを判定するように求められているわけです。

　もう少し硬い言い方をすると、命題とは**真偽を客観的に判定できる事柄**のことをいいます。

　「富士山は美しい」といわれても、美しさは客観的に判定できないので、これは命題ではありません。だけど、「富士山は世界一高い山である」というのは、真偽を客観的に判定できます(世界一高いわけではないので偽です)から命題です。

　命題が真なのか偽なのかがわかりづらいときは、「対偶」という関係に注目します。

命題 proposition
　真偽を客観的に判断できる事柄のこと

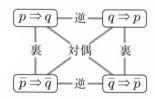

元の命題の真偽と対偶の真偽は一致する

図2-08

　$p \Rightarrow q$、つまり「p ならば q」という命題に対して、「ならば」の前後をひっくり返した「q ならば p」を「逆」といい、p と q の両方を否定した「p でないならば q でない」を「裏」といいます。そして、「逆」の「裏」(あるいは「裏」

の「逆」）を考えてつくった「qでないならばpでない」が「対偶」です。

　ある命題の真偽と、その対偶の真偽は一致します（元の命題の真偽と、裏や逆の真偽が一致するとは限りません）。

　どうしてそういえるのでしょうか。

　これも図で表すとわかりやすくなります。

　「pならばq」が真であるとして、条件pを表す集合Pを小さな △、条件qを表す集合Q は △ を含むそれより大きな楕円で表します。

　集合Pでないところ、つまり補集合$\overline{P}$をうすい灰色で塗り、集合Qでないところ、補集合$\overline{Q}$を濃い灰色で塗ってみてください（図2-09）。

　前に「小」が「大」に含まれ、かつ「小ならば大」という関係になっていれば真だと説明しましたが、図では濃い部分のほうがうすい部分に含まれていて、なおかつ濃い部分がうすい部分よりも小さくなっています。このことから、「qでないならば、pでない」も真だといえます。

　　$p \Rightarrow q$ が真のとき

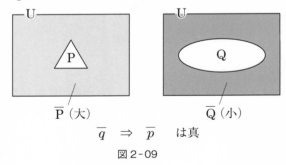

$$\overline{q} \;\Rightarrow\; \overline{p} \quad は真$$

図2-09

たとえば、「天才でなければピカソでない」という表現があったとします。否定表現がたくさん入っている命題は、直感的に理解しにくいものですが、そういうときは対偶を考えてみましょう。

　「ならば」の前後をひっくり返して、さらにそれぞれの条件を否定したものが対偶でした。

　ですから、「天才でなければピカソでない」の対偶は「ピカソであれば天才である」ということになります。まあ、天才の定義は難しいので、そこは目をつぶっていただくとして、「ピカソであれば天才である」というのは真、だから「天才でなければピカソでない」も真だといえます。

　上司だとかお客さんだとかに「××でないんだから、〇〇だろう！」と文句をいわれたら、慌てず冷静になって対偶を考えてみましょう。

　王貞治さんの名言に「努力は必ず報われる。もし報われない努力があるのならば、それはまだ努力と呼べない」というものがあります。血の滲むような努力の末に世界一のホームラン王にまで上りつめた王さんならではの説得力のある言葉でした。ただ、後半の文章の表現を簡略化して「報われないならば、努力ではない」の対偶を考えてみると、「努力ならば報われる」となり、同じことを繰り返して強調していることがわかります。

　一見ややこしそうな物言いでも、対偶で考えてみればわかりやすいことは多いものです。ちなみに、公務員試験では論理に関する問題がよく出ますが、こうした問題を解く際にも対偶は大いに役立ちます。

対偶を用いて命題を証明する

　もう少し複雑な命題の真偽を、対偶を使って判定してみましょう。次の問題を考えてみて下さい。

　　ある銀行について次の「正しい命題」が与えられたとする。これに基づいて A〜C のうち、確実に真であると判定できるものを選びなさい。
　　《正しい命題》
　　　平日の 18 時以降であれば、振り込み手数料が 110 円である。
　　A）　振り込み手数料が 110 円であれば、平日の 18 時以降である。
　　B）　平日 18 時以降でなければ、振込手数料は 110 円ではない。
　　C）　振込手数料が 110 円でなければ、平日の 18 時以降ではない。

　問題文を見ていくと、A は元の命題の「逆」、B は元の命題の各条件を否定しただけなので「裏」、そして C が「対偶」になっています。
　つまり確実に真だといえるのは、C だけということです。
　A と B については、ここに出ている以外の情報がないため、正しいとも正しくないともいえません。もし図 2-10 のように「平日の 9 時以前と 18 時以降が手数料 110 円、平日の 9 時から 18 時は手数料無料、土日祝は終日手数料

110円」といったルールが別にあるのだとしたら、AとB
は正しくないことになりますし、別のルールのもとでなら
正しいこともありえます。しかし、問題文に出ている情報
からは、Cが真ということしかいえません。

	9時以前	9時～18時	18時以降
平日	110円	無料	110円
土日祝	110円		

図2-10

扱いづらいが強力なツール「背理法」

命題を証明する方法としては、「背理法」もあります。
**証明したい結論の否定を仮定し、矛盾を導くことで証明す
る**という方法です（図2-11）。

このようにいうと難しく感じますが、もう少し身近な例、
刑事ドラマで背理法を説明してみましょう。

刑事ドラマでは、アリバイが成立して容疑者が無罪にな
るというシーンがよく出てきます。弁護士は、容疑者の無
実を証明したい。そこで弁護士は、容疑者が無実という結
論を否定し、「犯罪を犯した」と仮定します。だとすると、
犯行時刻に犯行現場以外の場所に、容疑者がいるのは矛盾
する。だから、容疑者は無実となるわけです。アリバイを
成立させることで、無罪を勝ち取るのは典型的な背理法で
す。

背理法は非常に強力な証明方法であり、数学の歴史上、

重要な証明の多くが背理法で行われてきました。

　ただし、背理法は強力ですが万能ではありません。使いどころがあるのです。

　背理法が活躍する1つのケースは、不可能であることを示す場合です。もう1つは、存在しないことを示す場合。その逆に、無数に存在することを示す場合にも背理法が用いられます。

　これら3つのケースは、いわゆる直接法、正攻法の証明では非常に証明しづらいことが多いのです。

　可能であることを示すのはやってみせれば良いので簡単ですが、不可能であることを示す場合、いろんなパターンを試してできなかったとしても、別のパターンならできるかもしれません。本当に不可能なのか、それとも努力が足りない、やり方がまずいからできていないのか、判定するのは困難です。

[背理法]

　　証明したい結論の否定を仮定し、
　　矛盾を導くことで証明する方法

――― 背理法が活躍する証明 ―――
・不可能であることを示す
・存在しないことを示す
・無数に存在することを示す

図2-11

存在しないことを示す場合、たとえば砂浜でダイヤモンドを探すことを想像してみてください。ダイヤモンドをいくら探しても見つからないからといって、その砂浜には絶対にダイヤモンドがないと断言するのは難しいでしょう。

あるいは、ものすごくたくさんのダイヤモンドが見つかったとしても、そのダイヤモンドが無数にあるかどうかを確かめるのは困難です。

こうした問題も、背理法を使えば解決することが少なくありません。

対偶を使った証明と背理法の違い

命題を証明する方法として、ここまでに対偶を使った証明と、背理法を説明してきました。この2つはどちらも「否定」を使うため混同されがちですが、別物なので注意しましょう。

「p ならば q」であることを示したい場合、対偶を用いた証明は、「q でなければ p でない」を示します。

一方、背理法では「p である」ことと、「q ではない」ということの両方を仮定して、矛盾を導きます（図2-12）。

例題として、「アジア人でない人は、日本人ではない」という命題を考えてみます（ここでのアジア人はアジア地域の国籍を持つ人、日本人は日本国籍を持つ人ということと規定しておきます）。

まずは、対偶を用いた証明から。

対偶は、命題の「ならば」の前後をひっくり返し、それ

p である（仮定）⇒q である（結論） の示し方

【対偶を用いた証明】
「q ではない」⇒「p ではない」を示す

【背理法を用いた証明】
「p である」と「q ではない」を仮定

➡

矛盾を導く

図 2-12

ぞれを否定するのでしたね。

　元の命題は、「アジア人ではない⇒日本人ではない」でしたから対偶は「日本人である⇒アジア人である」になります。これは、明らかに真です。対偶が真であることが示されましたから、元の命題も真といえます（図 2-13）。

　次は、背理法を用いた証明です。

　元の命題が「アジア人ではない⇒日本人ではない」ですから、元の仮定「アジア人ではない」と共に結論を否定した「日本人である」も仮定します。すると日本はアジア地域の一部ですから矛盾が生じます。なぜ矛盾が生じるかというと、自分が勝手に置いた仮定が間違っていたからです。よって、「アジア人ではない⇒日本人ではない」は真であると持っていくのが背理法です（図 2-14）。

　対偶を用いた証明と、背理法はどう使い分ければ良いのでしょうか。

例　「アジア人でない人は、日本人ではない」を示す

《対偶を用いた証明》

　　　元の命題：アジア人ではない⇒日本人ではない

　　　対偶：日本人である⇒アジア人である

なので対偶は
明らかに真

対偶が真であることが示されたので、元の命題も真

図2-13

《背理法を用いた証明》

アジア人ではない人が日本人であるとする

しかし、日本はアジアの一部なのでこれは矛盾

よって、アジア人ではない人は、日本人ではない

図2-14

　何か証明したいことがあったときは、まずは正攻法、いわゆる直接法といわれる証明方法を使ってください。「AならばB」の論理構造が本当に成り立っているのかを示そうとします。

　それでダメだったら、対偶を用いた証明を試しましょう。それでもダメだったら、背理法です。

　対偶を用いて示せる証明は背理法でも可能なことが多いのですが、逆に背理法で証明できても対偶では難しいということはよくあります。

背理法の落とし穴

　背理法はとても強力な証明方法ですが、高校で背理法を習ったときに何だかモヤモヤした人も少なくないでしょう。

　もしかすると、それは背理法の落とし穴を感じたせいかもしれません。

　背理法の落とし穴、弱点というのは、道が2つ、二元論の問題でないと扱えないということです。

　たとえば、数に関する問題で「ある条件を満たす整数が偶数であることを示せ」といわれたとしましょう。背理法を使ってこうした問題を解く際の定石は、与えられた結論を否定して、ある数が奇数だと仮定し、矛盾を突くというもの。なぜこれで証明になるかといえば、整数には偶数と奇数しかないからです。

　イメージとしては、左右2本の分かれ道があったとしてどちらかの道はゴールにつながっていることがわかっている場合、左の道がすぐ崖になっていて行き止まりだという情報が入れば、それなら右の道が正解だ、と判断できるような感じでしょうか。

　では、「ある整数が3の倍数である」ことを背理法で示すとしたらどうなるでしょう。「3で割ると1余る」と仮定して、矛盾を導いたとしても、それでは証明として不十分です。3で割った場合、余りは2かもしれません。

　3つ選択肢があるときに背理法を使うなら、証明したい結論以外の2つの選択肢ではどちらも矛盾が生じることを明らかにすることが必要になります。

《背理法の落とし穴》
　　二元論でないと使えない

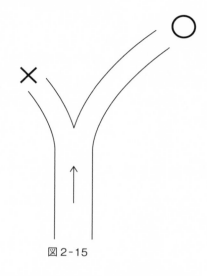

図2-15

　また、与えられた命題と、その否定の両方が正しくない、
「偽」ということだってありえます。要するに、証明しようとしている命題そのものが間違っているケースですね。
　こういうことをずっと研究しているのがまさに数学者です。2021年、「ABC予想」といわれる数学の超難問が京都大学の望月新一教授によって、ついに証明されたというニュースが発表されました。この問題について望月新一教授が最初に論文を発表したのは2012年。そこから8年以上掛けて、さまざまな可能性を1つ1つ潰していき、本当に正しいのか反例はないのか、といったことを検証していったのです。それでもまだABC予想に関しては、別の数

学者から疑問点が指摘されています。

こういってはなんですが、高校数学の教科書に出てくる背理法の例題はあらかじめ厳密に検証されたものなので、安心して背理法を適用することができます。

一方、実社会で生じる問題に背理法を適用するときは、「本当に選択肢は2つだけなのか」「選択肢の両方ともが間違っていることはないのか」という疑いを忘れないようにすべきでしょう。

集合や論理を扱うことが増えている現代

この章で説明してきた集合や命題の証明は、何だか面倒くさいと思うかもしれません。

しかし、集合の共通部分や和集合の知識、必要条件や十分条件、対偶などの論理を扱うシチュエーションは現代において増えていく一方です。

最大の理由は、コンピュータの普及です。集合や論理構造の理解はコンピュータを動かすプログラムの基本。プログラマーでなくても、集合や $p \Rightarrow q$ といった論理がわかっていると、パソコンやスマホを思い通りに扱えるようになります。

簡単な例として、音楽データを管理するアプリに搭載されているスマートプレイリスト機能があります。これは、「アーティストが○○」かつ「お気に入りマーク付き」といった条件で、曲データを自動的にピックアップしてくれる機能です。集合や論理の基本がわかっているだけで、手

作業でいちいち曲データを並べ替えることなく、目的のデータをすばやく整理することができるわけです。

第 3 章

因果関係を
発見する

二 次 関 数

関数とは何か、なぜ重要なのか？

この章では二次関数について学びますが、そもそも**関数**とはいったい何でしょうか。

この「かんすう」、昔は「函数」と書いていました。函数という用語は元々中国語で、英語の function を音訳した当て字だといわれています。

年配の数学者の中には、関数よりも函数を好んで使う人が少なくありません。「函」には箱という意味があり、これが関数の本質をよくとらえているからです。

教科書では、「2つの変数 x、y があって、x の値を定めるとそれに対応して y の値がただ1つ定まるとき、y は x の関数であるという」となっています。

「函数」のイメージをつかむには、自動販売機を思い浮かべていただくのが良いでしょう。

自動販売機のボタンを押すと、あるボタンに対応する商品が出てきます。同じボタンを押しているのに押すたびに違う商品が出てきたら、安心して買い物できません。

どのボタンを押しても、必ずそのボタンに対応する商品が出てくる。それが信頼できる自動販売機の条件です。

関数というのは、こういう信頼できる自動販売機のような「箱」だと思ってください。

この箱、関数にいろんな値を入れていくとしましょう。

たとえば、1を入れたときは11、2を入れたときには21、3を入れたときに31が出てくるとします。

この箱に入れる値をまとめて x、出てくる値を y とすれ

ば、この箱の正体は $y=10x+1$ だとわかります（図3-01）。

関数

関数は、もともと「函数」

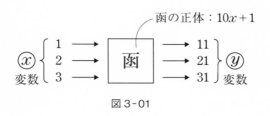

図3-01

箱のアナロジーは関数を説明するのにとてもわかりやすいと思うのですが、1960年代半ば、当時の文部省が教科書で使える漢字を当用漢字だけに絞ったため、「函」という字が使えなくなってしまいました。そこで同じ音を持ち、「関係する数」ということで「関数」という表記に決まったという経緯があります。

y が x の関数であることを、**$y=f(x)$** と書きます。f は function の略です。数学にアレルギーのある人は、こうした記号を見るだけでひるんでしまうかもしれませんが、この記号が意味していることは単純です。

$f(x)=x^2+1$ のとき、$f(3)$ は 3^2+1、$f\left(\dfrac{k}{2}\right)$ なら $\left(\dfrac{k}{2}\right)^2+1$。要するに、$x$ のところに（　）の中の値を代入するだけです（図3-02）。このように関数の x は色々な値を取りますか

ら、「**変数**」と呼ばれます。

例

$$f(x) = x^2 + 1 \quad \text{のとき}$$
$$\Rightarrow f(3) = 3^2 + 1, \quad f\left(\frac{k}{2}\right) = \left(\frac{k}{2}\right)^2 + 1$$

図 3-02

わかっている人にとっては簡単な話ですが、この記号の意味をわかりづらいと思っている人は多いような気がします。

私の推測ですが、もしかすると方程式で登場する未知数 x と、関数で出てくる変数 x がごっちゃになってしまっているのかもしれません。

方程式の場合、わからない値を x として「$2x+1=5$」のような式を立て、x を求めていきます。小学校でも、「$2 \times \square + 1 = 5$ のとき、$\square$ はなに？」といった同じような問題はやっていますから、「$\square$ は 2 だ」と簡単にわかります。

ところが、関数の変数 x では、同じ文字を使っているのに色々な値になりうる。ここがつまずきのポイントでしょう。方程式の未知数 x の正体は、「1 人の犯人」だと決まっている。それなのに、関数の変数 x は、覆面をはがすたびに違う人が出てくるような気がしてしまうのかもしれません。

$y=f(x)$ の x や y は変数、$f(x)$ は箱の名前。箱に x という変数を入れると、対応する y が出てくる——。ここでしっかり理解しておきましょう。

関数に関するルール

　関数にはいくつかのルールがあります。

　高校数学の範囲では、$y=f(x)$ という関数があった場合、変数 x は実数となっています。

　変数 x の取り得る値の範囲を関数の定義域といいますが、それを明示して、

$$y=f(x)\quad(a \leq x \leq b)$$

のように書くこともあります。

　数学 I では出てきませんが、$y=\dfrac{1}{x}$ という分数関数の場合だと、何も書いてなくても変数 x の定義域は 0 以外であり、いちいち「$(x \neq 0)$」と書いたりはしません。また、無理関数 $y=\sqrt{x}$ だと変数 x の定義域は暗黙的に 0 か正となっています。

　数学 I に登場する関数は一次関数と二次関数だけですが、数学 II、数学 III と進むにしたがって新たな関数、新たな定義域を学んでいくことになります。

関数を理解するにはグラフを使う

　y が x の関数になっているとき、x の値によって y は一通りに決まります。けれど式で表された関数は、何だかとっつきにくい感じがします。

　関数がいったいどんな性質を持っているのかを理解するために一番手っ取り早い方法がグラフを描くことです。

グラフがわかれば、その関数のことは理解できたも同然。
変数 x が変わるにつれ、変数 y がどう変化するのかも、
定義域がどこにあるのかも一目瞭然です。今後新しい関数
が登場するたび、そのグラフを描いて理解しようとする姿
勢は大切にしてください。

　では、二次関数はどんなグラフになるのでしょうか。

　中学三年生でもやった方法、x と y の組を用意して、表
をつくっていくことにしましょう。

　$y=x^2$ のグラフなら、図3-03 のような表ができ上がり
ます。

関数のグラフ

$y = x^2$

x	-3	-2	-1	0	1	2	3
y	9	4	1	0	1	4	9

関数の式を満たす $(x,\ y)$ の集合
グラフ上の点と 1 対 1 対応

図3-03

　こうしてつくった表を元に、座標平面上に点を置いたの
が、図3-04 のグラフです。合わせて、$y=\dfrac{1}{2}x^2$、$y=-x^2$
のグラフも描いてみました。

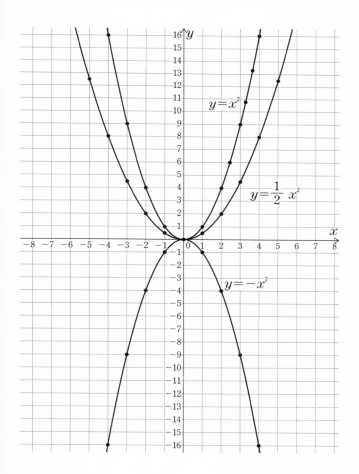

$y = x^2$

$y = \dfrac{1}{2}x^2$

$y = -x^2$

図 3-04

　ここでは、表の数字をできるだけ滑らかになるようにつないでいます。厳密なことをいえば、こういうやり方で描

いたグラフが本当に $y=x^2$ を表しているのかという疑問が出てくるでしょう。もしかしたら、点と点の間は滑らかにつながっているのではなく、ギザギザになっているかもしれませんし、どこかで途切れているかもしれませんから。

　未知の関数がどんなグラフになるのか、厳密に考えるためには微分・積分を使う必要があるのですが、残念ながら数学Ⅰに微分・積分は出てきません。ここでは、$y=x^2$ のグラフはこんなふうになるんだといったん飲み込んでいただき、先に進むことにしましょう。

　$y=x^2$ のグラフができてしまえば、芋づる式に $y=ax^2$ のグラフを描けます。

　$y=\dfrac{1}{2}x^2$ のグラフなら、y 方向に $\dfrac{1}{2}$ 倍すればいいわけですから、$y=x^2$ で y 座標が 16 だった点は 8、9 だった点は 4.5、4 だった点は 2 になります。

　$y=-x^2$ なら、$y=x^2$ のグラフを反転させます。

　$y=ax^2$ の a の値を変えることで、さまざまな形のグラフが得られます。

　ここからわかるのは、a が正の場合 a の値が 1 より小さくなると幅広に、逆に 1 より大きく、$y=2x^2$ とか $y=3x^2$ になると、y 方向の高さが 2 倍 3 倍になって細身になっていくということです。

　本章の冒頭で述べたように、関数は変数 x の値を入れると、y の値が決まります。同じ値を代入したら同じ結果が返ってくるだけですから、関数の特徴は何もわかりません。微分・積分を使わずに関数のことをもっと知りたかっ

たら、x に色々な値を代入してみるしかないのです。それによって y がどう変化するかをグラフで見ることで、関数の正体が見えてきます。

関数のグラフは何を表しているのか

先ほどは、数組の x と y で $y=x^2$ のグラフを確認しました。改めて、このグラフはいったい何を表しているのでしょうか。

それは、どんな x を代入しても、$y=x^2$ を満たす点はこのグラフ上にあり、逆にグラフ上のどんな点も $y=x^2$ を満たすということです。

少し難しい言い方をするならば、関数の式を満たす点 (x, y) の集合と、そのグラフ上にある点 (x, y) の集合は一致するといえます。「満たす」というのは、式に値を代入したとき、式の両辺がイコールになるということです。

グラフと関数は、1 対 1 の対応関係になっているのです。

数学では、この 1 対 1 の関係がとても重要な意味を持ちます。

2 つのものが 1 対 1 に対応していると、どんなよいことがあるのでしょうか。それは、難しいことが簡単に考えられる可能性があるということです。

もし、複雑なものとシンプルなものが 1 対 1 に対応していれば、複雑な方を考える代わりにシンプルな方を考えることができます。1 対 1 に対応しているということは、どちらで考えても結論は同じです。

経営の神様といわれる京セラ創業者の稲盛和夫氏は、モノやお金が動くときには必ず伝票が起票され、それらの動きと伝票が1対1に対応していることが、経営においては大変重要だと説いていらっしゃいます。なぜなら、伝票に1つの漏れも重複もないことが保証されていれば、伝票を見るだけで、複雑なモノやお金の動きが誰にでも把握できるようになるからです。これは経営の透明化、健全化につながります。

　$y = x^2$ の例でいうと、この関数がどんな性質を持っているのか、数式を見ているだけではよくわかりません。

　ところが、グラフを描いてみるとその性質が表れてきます。$y = x^2$ の最小値はマイナスになるようなところはなくて0だなとか、曲線がどこまでも上に伸びていくから最大値はなさそうだとか、絶対値が同じであれば x の値は正の数でも負の数でも y の値は同じだなとか、そういうことが一目でわかるわけです。

数学では、1つに決められないものは存在しない

　数学では、1対1の対応関係にものすごくこだわります。

　数学者の秋山仁先生は、数学の才能とは、

1.　順序がわかる

2.　1対1対応がわかる

3.　観察ができる

4.　抽象化ができる

の4つの能力を持っていることだと述べられています。そ

れほど、1 対 1 対応とは数学において大きな意味を持ちます。

　この章の冒頭では、「2 つの変数 x、y があって、x の値を定めるとそれに対応して y の値がただ 1 つ定まるとき、y は x の関数であるという」という関数の定義を紹介しましたが、「ただ 1 つ」というのが重要なポイントです。

　$y=x^2$ を x について解くと、以下のようになります。

$$x^2=y$$
$$x=\pm\sqrt{y}$$

　$y=x^2$ だと、x を代入すれば y は 1 つに決まりますから、y は x の関数です。

　ところが、x は y の関数ではありません。なぜなら、$x=\pm\sqrt{y}$ で y に 4 を代入したとき、x が 2 なのか -2 なのかわからないからです。こういう場合、「$y=x^2$ の逆関数は存在しない」と表現します。

　ここで関数を 1 つの**因果関係**と考え、x が原因で y が結果だとします。

　y が x の関数であるというのは、1 つの原因に対して、結果が 1 通りに決まるということです。

　仮に、ワイヤレスのイヤフォンをスマートフォンとBluetooth で接続しているとします。人の多い場所を歩いていると必ず音が途切れるとわかれば、繁華街を歩くときはそのイヤフォンを使わないようになるでしょう。原因から結果が特定できるというのはこういうことです。

　しかし、人が多くても音が途切れない場合もあるのなら「今日は大丈夫かな？」と期待して、満員電車や繁華街で

も使い続けてしまい、結局音切れして不愉快な思いをするということにもなりかねません。

　原因から結果を特定できればこのようなリスクがなく、未来に起こる結果を完全に予想することができるので、私たちは安心して取るべき行動を選択することができます。

　さらに、結果から原因を特定することもできればこんなに有り難いことはありません。未来を予想できるだけでなく、過去の結果の原因も特定できるからです。こうなれば、望まざる結果を完全に回避できますし、望む結果を必ず得ることもできるでしょう。

　先ほどのイヤフォンとスマートフォンの例でいえば、「音が途切れる」という結果に対して、原因が「まわりに人が多い」という1つしかないのならば、人の多い場所では使わないことにしさえすれば音切れの憂き目に遭うことは一切なくなります。

　しかし、「音が途切れる」という1つの結果に対して、他にも「充電残量が少ない」「近くに電子レンジがある」など複数の原因がある場合は、そのすべてを回避すれば音切れを防ぐことはできるものの、未知の原因があるかもしれないという不安が残ります。

　一般に原因と結果の関係には4つのパターンがあります（図3-05）。

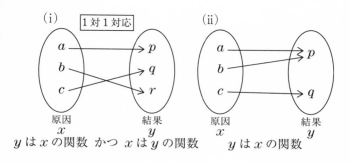

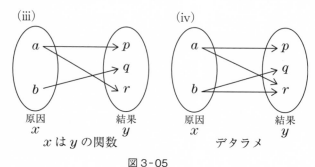

図 3-05

　結果が原因の関数になっているのは（ⅰ）と（ⅱ）です。このうち、（ⅰ）は原因も結果の関数になっています。（ⅰ）のときに限り、原因と結果の間に 1 対 1 対応が成立します。

　図 3-03 に戻ってもらうとわかると思いますが、2 次関数は（ⅱ）のタイプの関数ですね。

　数Ⅱ、数Ⅲと進むと様々な関数を習いますが、それが（ⅰ）のタイプか（ⅱ）のタイプなのかは意識していただきたいと思います。

グラフを平行移動させる

$y=x^2$ のグラフを描きましたが、実をいえば、頂点が原点に来る放物線のグラフはすでに中学で履修済みです。数学Ⅰでは頂点が原点以外のグラフも扱うのですが、このときポイントになるのはグラフを平行移動させるということ。しかし、教科書の説明がわかりづらいため、ここで挫折してしまう人がけっこういます。また、教科書で説明されているやり方は、放物線、つまり二次関数にしか使えません。

のちのち登場する三角関数や指数関数、対数関数など、さまざまな関数のグラフにも応用でき、なおかつわかりやすい平行移動の説明をしてみたいと思います。グラフの平行移動が理解できると、色々な関数の最大値や最小値も簡単に求められるようになります。

まず、$y=ax^2$ $(a>0)$ のグラフを描き、これを x 方向に $+p$、y 方向に $+q$ 平行移動したとしましょう（図 3-06）。

元のグラフ $y=ax^2$ 上の点は (x, y)、平行移動後のグラフ上の点は (X, Y) としておきます。

このとき、x と X、y と Y の間にはどんな関係があるでしょうか。

これは難しくありませんね。元の点から x 方向に $+p$、y 方向には $+q$ 移動しているわけですから、

$$\begin{cases} X=x+p \\ Y=y+q \end{cases} \quad \cdots\cdots(1)$$

と表せます。

ここで間違いやすいポイントを挙げておきましょう。

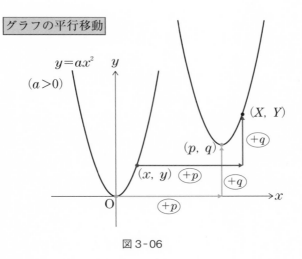

グラフの平行移動

$y=ax^2$
$(a>0)$

(X, Y)

(p, q)

(x, y) +p

+q

+q

O

+p

x

図3-06

　$y=ax^2$ のグラフを x 方向に $+p$、y 方向に $+q$ だけ平行移動したいとき、移動したグラフの式はどうなるでしょうか。

　よくある勘違いは、$y=ax^2$ の x に $x+p$、y に $y+q$ を代入するというもの。

　でも、これはダメです。

　なぜかというと、移動した先の (X, Y) という点は $y=ax^2$ 上にはないから。元の $y=ax^2$ に代入できるのは、あくまで $y=ax^2$ のグラフ上にある点だけです。

　X と Y について記述した(1)の式を、x と y について書き直してみると、

$$\begin{cases} x=X-p \\ y=Y-q \end{cases}$$

となります。小文字の(x, y)という点は$y=ax^2$上にありますから、これは問題なく代入することができます。実際にやってみると、

$$Y-q=a(X-p)^2$$
$$\Rightarrow Y=a(X-p)^2+q$$

というXとYの関係式が得られます。

　これは、小文字で表した(x, y)が$y=ax^2$上にあるとき、大文字で表した(X, Y)は必ず$Y=a(X-p)^2+q$という式が表すグラフの上にあるということを意味します。つまり、$y=ax^2$をx方向に$+p$、y方向に$+q$平行移動したグラフの式は、$Y=a(X-p)^2+q$だということです。

　$y=ax^2$上で(x, y)の点を動かすと、それに対応して$Y=a(X-p)^2+q$上の点(X, Y)も動きます。$y=ax^2$の頂点は$(0, 0)$ですから、それに対応する$Y=a(X-p)^2+q$のグラフの頂点の座標は(p, q)だということもこれでわかります。

　グラフを平行移動させるということは、それと1対1の関係にある新しい関数をつくるということでもあるのです。

　移動してできた新しい関数では大文字のX、Yを使っていますが、これは元の関数で使われている変数x、yと混同しないようにするためです。混同する恐れがなくなれば、小文字に切り替えてしまってかまいません。XやY、x、yはあくまで値を入れておくための入れ物です。

　まとめると、次のように結論づけることができます（図3-07）。

$y=ax^2$ のグラフを

x 方向に、$+p$

y 方向に、$+q$　平行移動したグラフの式

$$y=a(x-p)^2+q$$

図3-07

　ここでは二次関数で説明しましたが、この平行移動の手法はどんな関数でも使えます。新しい関数が登場したら、まず基本となる一番簡単なグラフを描いてみる。次は、それを平行移動させる。この手順がわかっていれば、一見複雑な関数もグラフ化しやすくなります。

　一般に、$y=f(x)$ のグラフにおいて、x に $x-p$、y に $y-q$ を代入すれば、x 方向に $+p$、y 方向に $+q$ 移動したグラフの式が得られます。変数 x や y に代入するのは $x+p$、$y+q$ ではなく、「$x-p$」や「$y-q$」であることに注意してください。

二次関数のグラフを描くための下準備「平方完成」

　さて、次は $y=ax^2+bx+c(a\neq0)$ という形をした、一般的な二次関数のグラフを描くことを考えてみましょう。

　その作業を行う上で、非常に重要な式変形があり、それを「平方完成」といいます。平方完成というのは、$y=ax^2+bx+c$ という式を、平行移動のところで説明した $y=a(x-p)^2+q$ という形に変形させることです。2乗し

た値を平方と呼び、平方完成とは「平方$(x-p)^2$」の形を完成させることを意味します。$y=a(x-p)^2+q$ という式になれば、頂点は(p, q)であることがわかり、グラフを描けます。

平方完成

$$ax^2+bx+c=a(x-p)^2+q$$

図3-08

　ただし、平方完成は、高校数学に登場する様々な式変形の中でも、5本の指に入る難しさです（図3-08）。

　普段数学を使っていない人にとっては、なぜそんな面倒なことを練習しなければいけないのか、疑問に思うかもしれません。しかし、**自分の中につくりたい式を思い浮かべ、式を変形することでイメージに近づけていくこと**は、数学を学ぶ上でとても重要です。それには平方完成の練習が一番です。

　数学が苦手な生徒が式変形の問題を解く様子を観察していると、何の見通しもなく式をこねくり回しています。こねくり回しているうちに、運良く解けたらラッキーという感じです。

　一方、数学が得意な生徒は、いきなり計算を始めません。最終的にどんな形の式をつくりたいのか、きちんとイメージした上で計算を始めます。

　普段数学を使わないという方も、平方完成の練習を通じて、自分のイメージした形に式を変形していくスキルを磨

いていただきたいと思います。

　平方完成は難しいので、いくつかステップを踏んで進めることにしましょう。

　そのために私が用意したのが、「**平方完成の素**」です。数学用語ではありませんが、これを使えば平方完成がとても楽に行えます。次の式の m は任意の実数です（図3-09）。

《平方完成の素》

$$(x+m)^2=\underline{\underline{x^2+2mx}}+m^2$$

$$\Rightarrow \boxed{x^2+2mx=(x+m)^2-m^2}\quad\sim\text{☆}$$

（93ページで使用）

半分　　2乗

図3-09

　まずは展開の公式から、$(x+m)^2=x^2+2mx+m^2$ になりますが、この式を変形したものが平方完成の素です。

　これだけだとわかりにくいので、ちょっと練習してみましょう。

　x^2+2mx が仮に x^2+5x だとすると、m は $\dfrac{5}{2}$ となり、その2乗は $\dfrac{25}{4}$ です。要するに、x の1次の項の係数を半分にしたものを右辺に持ってきて、その2乗を引くということをしています。だから、

$x^2+5x=\left(x+\dfrac{5}{2}\right)^2-\dfrac{25}{4}$ と変形できます。

もちろん、m には数字だけでなく別の文字を入れても
かまいません。

$$x^2+5x=\left(x+\frac{5}{2}\right)^2-\frac{25}{4}$$

$$x^2-7x=\left(x-\frac{7}{2}\right)^2-\frac{49}{4}$$

$$x^2+kx=\left(x+\frac{k}{2}\right)^2-\frac{k^2}{4}$$

二次関数を平方完成で変形する

ここまで準備したところで、いよいよ平方完成に取りか
かることにしましょう。スタートは ax^2+bx+c で、これ
を $a(x-p)^2+q$ の形にすることがゴールです（図3-10）。

まず、x^2 の係数が1ではないとき、やや強引に x^2 の係
数 a で、最初の2つの項を括ります。ここで波線を引い
たところに、さっそく先ほどの「平方完成の素」（☆の部分）
を適用していきます。

計算ミスをしないよう、{ } を使うとよいでしょう。

$x^2+\frac{b}{a}x$ の $\frac{b}{a}$ は、半分にして $\frac{b}{2a}$。それを2乗したもの
は $\frac{b^2}{4a^2}$ です。

というわけで、$x^2+\frac{b}{a}x$ は、$\left(x+\frac{b}{2a}\right)^2-\frac{b^2}{4a^2}$ と変形で
きます。

次は、$\frac{b^2}{4a^2}$ を中括弧の外に出して、元からある c とまと
めます。あとは x を含まない部分は $4a$ で通分して、

$$ax^2 + bx + c$$

$$= a\left(x^2 + \frac{b}{a}x\right) + c \quad \left.\right\}\ \text{☆平方完成の素を適用}$$

$$= a\left\{\left(x + \frac{b}{2a}\right)^2 - \frac{b^2}{4a^2}\right\} + c$$

$$= a\left(x + \frac{b}{2a}\right)^2 - \frac{b^2}{4a} + c$$

$$= a\left(x + \frac{b}{2a}\right)^2 - \frac{b^2 - 4ac}{4a}$$

図3-10

$\dfrac{b^2 - 4ac}{4a}$、これで平方完成ができました。

　つまり、関数 $y = ax^2 + bx + c\,(a \neq 0)$ のグラフを描くと、その頂点は $\left(-\dfrac{b}{2a},\ -\dfrac{b^2 - 4ac}{4a}\right)$ になるということです。

　練習として、具体的な数値の入った式での平方完成をやってみましょう（図3-11）。

　ここでは、$y = -2x^2 - 8x - 3$ を使うことにします。

　x^2 の係数が1でない場合は、その係数で2次と1次の項を括ってしまうのでしたね。

　そうやって括った括弧内の $(x^2 + 4x)$ に、平方完成の素を適用して、$(x + 2)^2 - 4$ に変形します。あとは、x を含まない部分をまとめれば完成です。

　こうしてできた $y = -2(x + 2)^2 + 5$ のグラフは、$y = -2x^2$ のグラフを x 方向に -2、y 方向に $+5$ だけ平行移動したものになっています（図3-12）。

　社会人になると関数のグラフを手描きする機会はあまり

$$y = -2x^2 - 8x - 3$$
$$= -2(x^2 + 4x) - 3$$
$$= -2\{(x+2)^2 - 4\} - 3$$
$$= \underbrace{-2(x+2)^2 + 5}$$

↑

$y = -2x^2$ のグラフを

$$\begin{cases} x\ \text{方向に}\ \boxed{-2} \\ y\quad \text{〃}\quad \boxed{+5} \end{cases} \text{平行移動}$$

図3-11

ないかもしれませんが、コツを説明しておきましょう。

　まず、グラフの頂点をはっきりさせます。今回は、x^2 にマイナスの係数が付いていますから、上向きに凸の放物線ですね。係数の絶対値が大きくなるほど細身のグラフになっていきます。

　もう1つ注意するポイントは、y 軸との交点である y 切片です。x に 0 を代入すると $y = -3$ ですから、$(0,\ -3)$ を曲線が通るようにします。

　あとは、グラフが左右対称になるように描けば、正確できれいなグラフのでき上がりです。

　苦労して平方完成に取り組んだのは、このように頂点を知り、グラフが描けるようにしたかったからでした。この手順さえわかっていれば、どんな二次関数についても簡単にグラフを描くことができます。

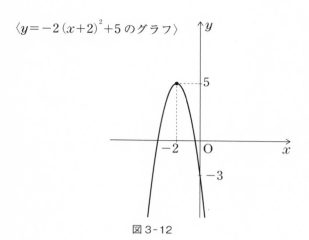

〈$y=-2(x+2)^2+5$ のグラフ〉

図3-12

二次関数の最大値、最小値をグラフから求める

　グラフを描けば、関数の性質は一目瞭然になります。頂点の座標も、グラフの凹凸の方向も、y 切片も見た通りです。

　最大値、最小値も直感的にわかります。先ほど平方完成を練習した $y=-2x^2-8x-3$ なら、頂点の y の値「5」が最大値です。一方、このグラフでは最小値はありません。グラフの曲線はいくらでも下に向かっていきますから、マイナス無限大という言い方もできるかもしれませんが、値を決めることができないので「最小値はなし」という言い方をすることになっています。

　ただし、$y=-2x^2-8x-3$ に最小値はないといっても、それは「定義域」がない場合の話です。定義域によっては、

最大値、最小値の両方とも「あり」になることもあります。

　例として、$y=x^2$ で定義域が $(-1 \leqq x < 2)$ の場合を考えてみます。この関数のグラフを描くと、図3-13のようになります。

　$y=x^2$ のグラフは、$(-1, 1)$、$(0, 0)$、そして $(2, 4)$ を通ります。図に描いた○の y 座標は 4 です。

　では、改めてこの $y=x^2$（$-1 \leqq x < 2$）の最大値、最小値はそれぞれいくつでしょうか。

　グラフを描かないと、定義域の一番小さい値 -1 を x に代入して「y の最小値は 1 です！」とやってしまいがちですが、$y=x^2$ のグラフは放物線になっていますから、そうはなりません。グラフを見れば、最小値が 0 だというこ

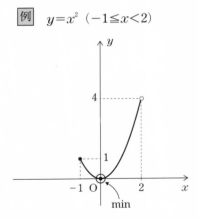

例　$y=x^2$（$-1 \leqq x < 2$）

最大値は存在しない：1つに定められないものは「存在しない」

図3-13

とはすぐにわかります。

　最大値の方はどうでしょうか。グラフを見ると、x が2のとき、y は4になってこれが最大値のように思えます。

　ここが引っかけで、定義域は（$-1 \leqq x < 2$）、つまり -1 以上2未満です。x がちょうど2のときは定義域から外れます。それなら、最大値は3.99とか3.9999……といってもよさそうなものですが、数学はそういう曖昧(あいまい)さを嫌います。1つに決まらないのだから、「最大値はなし」がこの場合の答えです（もちろん、定義域が $-1 \leqq x \leqq 2$ なら、最大値は4です）。

二次関数はどんなシチュエーションで役に立つ？

　二次関数を平方完成させて、グラフを描き、さらに最大値や最小値を求める――、そんな状況はまずないだろうと思うかもしれません。ところが、文系、理系を問わず、二次関数は様々なシチュエーションで顔を出します。

　共通テストが実施される前に行われた平成29年度試行調査（プレテスト）*で、なかなか面白い二次関数の問題が出されていました。

　実際に出題されたのは長めの文章題でしたが、内容を要約すると、文化祭で売るTシャツ1枚の価格をいくらにすれば最も売れるかを考えるというものです。

---

*試行調査の問題と解答は、「平成29年度試行調査 問題」でウェブ検索すると見られます。

事前アンケートで、価格設定に応じて購入したいという
人の数も変化することがわかりました。Tシャツ1枚の価
格を x 円、売れる枚数を y 枚としたとき、y と x は次の
ような関係になったというのです（もちろん、これはあく
までも仮定の話です）。

$$y = -\frac{1}{10}x + 250$$

　売上額を S 円とすると、

$$S = xy$$

となり、y に先ほどの一次式を代入すると、

$$
\begin{aligned}
S &= xy \\
&= x\left(-\frac{1}{10}x + 250\right) \\
&= -\frac{1}{10}x^2 + 250x
\end{aligned}
$$

となります。

　つまり、この問題は売上を二次関数で表現し、それを最
大化するTシャツの価格、x 円を求めるという狙いでした。
売上を最大化しようとする際に二次関数の問題が出てくる
というのは、文系出身の社会人にとっても興味深い例では
ないでしょうか。

　マーケティングや営業の分野では、広告費などの費用を
いくらかければ売上や利益を最大化できるかといったこと
がよく問われます。サンプルデータを元にそうした課題を
解くための分析手法として回帰分析があり、その基礎とな
っている最小2乗法では、やはり二次関数が使われます（図
3-14）。

文系分野であっても、高度な業務内容を担当するのであれば、基礎となる二次関数をしっかり学んでおいて損はありません。

　また、二次関数は物理現象と密接な関係があります。

　一定の速度で走る自動車が１時間走ったときの距離は、「速さ×時間」で求まります。これは中学校で習った等速直線運動です。

　ところが、物体が自由落下するとき、あるいは物体が坂道を転がり落ちるときは、加速度がついて速度が増していくため、等加速度直線運動になります。この等加速度直線運動での移動距離はどうなるでしょうか。

　１つの考え方として、ごく短い等速運動を積み重ねると

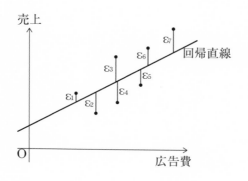

$\varepsilon_1{}^2 + \varepsilon_2{}^2 + \cdots + \varepsilon_7{}^2$　が最小になるように
最小２乗法を用いて回帰直線を求める

図3-14

いうやり方があります。図3-15 を見てください。等速運動する時間をどんどん短くしていくと、等加速度直線運動の移動距離は、速度と時間のグラフに現れる台形の面積を求めればよいということがわかります。

ある時点の速度 v は、初速 v_0 に、加速度 $a \times$ 時間 t を足したものなので、

$$v = v_0 + at$$

台形の面積（移動距離）x を求めると考えると、

$$x = (v_0 + v) \times t \times \frac{1}{2}$$

これに先ほどの速度の式を代入すると、

$$x = (v_0 + v_0 + at) \times t \times \frac{1}{2}$$

これを展開すると、

$$x = v_0 t + \frac{1}{2}at^2$$

という式が得られます。つまり、移動距離 x は、時間 t についての二次関数になっているのです。

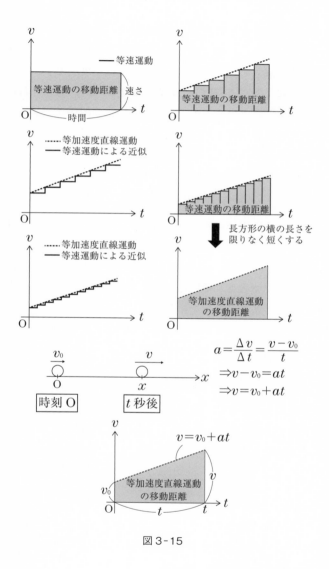

図 3-15

また、物体を投げたときの曲線は——放物線といわれているように——必ず二次関数で表されます。さまざまな物理現象を解き明かすために、二次関数は不可欠です。

　ほかにも数学Ⅱ・Bの範囲にはなりますが、統計においても二次関数が出てきます。身長と体重の関係などさまざまなデータの相関を調べていると、正規分布と呼ばれる曲線が登場してきます。その標準正規分布の式は次のようになります。この中にも二次関数が隠れているのです。

$$f(z) = \frac{1}{\sqrt{2\pi}} e^{-\frac{z^2}{2}}$$

　社会現象、物理現象のほとんどは、「線形」ではなく「**非線形**」です。

　線形というのは、$y = ax + b$ といった一次式、つまり直線のグラフで表される関係です。一方の非線形は線形でない、もっと複雑な関数を指します。二次関数は、私たちが非線形に触れる第一歩といえるでしょう。

二次方程式と二次関数

　先に解説した平方完成を使うと、中学3年生で学んだ**二次方程式の解の公式**を導くことができます。

　二次方程式 $ax^2 + bx + c = 0$ に対して、その解の公式は、

$$x = \frac{-b \pm \sqrt{b^2 - 4ac}}{2a}$$

でした。

　二次方程式の解の公式に見覚えがある人は多いと思いますが、この公式を自分で導き出せる人は少ないものです。

数学ができるようになるというのは、覚えた公式に数値を入れられるということではありません。なぜこういう式で二次方程式の解が求められるのかを考えて、自分でも実際に証明してみる。その過程が重要なのです。

　その意味で、二次方程式の解の公式が導けるかどうかは、数学をしっかり学んできたかを測るよい試金石といえます。

　すでにこの章で平方完成を学んでいますから、解の公式を導くことはできるはずです。二次方程式の基本は、$x^2 = p$ $(p > 0)$ のとき、$x = \pm\sqrt{p}$ になるということ。この形に持っていけばよいわけです。では、やってみましょう。

$$ax^2 + bx + c = 0$$

平方完成（図3-10参照）

$$\Rightarrow a\left(x + \frac{b}{2a}\right)^2 - \frac{b^2 - 4ac}{4a} = 0$$

$$\Rightarrow a\left(x + \frac{b}{2a}\right)^2 = \frac{b^2 - 4ac}{4a}$$

$$\Rightarrow x + \frac{b}{2a} = \pm\sqrt{\frac{b^2 - 4ac}{4a^2}}$$

$$= \pm\frac{\sqrt{b^2 - 4ac}}{2|a|}$$

$$= \pm\frac{\sqrt{b^2 - 4ac}}{2a}$$

$$\therefore x = \frac{-b \pm\sqrt{b^2 - 4ac}}{2a}$$

　細かいことですが、計算の途中で $|a|$ という箇所があります。なぜそう書いたかというと、$\sqrt{a^2}$ をいきなり a としてしまうのはまずいからです。第1章で説明したように、

a が 0 以上か 0 未満かによって $\sqrt{a^2}$ の値は $+a$ になったり $-a$ になったりするのでしたね。

$|a|$ は $\pm a$ ですが、分数全体に $\pm$ が付いていますから、$|a|$ の絶対値記号を外しても同じことになります。しかし、このワンステップは意外と大事ですから、手を抜かないようにしましょう。

さて、これで二次方程式の解の公式が完成しました。

社会人が数学を勉強しなおす際は、**プロセスを追って公式を導く面白さ**をぜひ味わっていただきたいと思います。

結果だけを見るのではなく、なぜその結果が導かれるのか、そのプロセスを見てください。

私は常々、数学ができるようになるコツは「プロセスを見る目」を養うことだと説いています。「正しさ」の根拠は、他人と同じであるかどうかではなく、正しい道筋で導かれたかどうかにあるのです。

問題集なら巻末を見れば正しい解答が載っています。しかし、実社会には模範解答などありません。実社会の問題に取り組むとき、重要なのはどう考えたかです。

そうした経験の 1 つとしても、解の公式は自分で導いていただきたいものです。

解の公式から浮かび上がる虚数の存在

16 世紀イタリアの数学者カルダノはあるとき、次のような問題を考えていました。

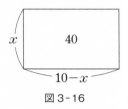

カルダノが考えた問題

縦と横の和が 10 で、面積が 40 の
長方形の縦と横の長さは？

x　40　10−x

図 3-16

　縦 x、横 $10-x$ の長方形の面積が 40 になるときの x を
求めようと考えました。実際に解いてみましょう。

$$x(10-x)=40$$
$$\Rightarrow -x^2+10x=40$$
$$\Rightarrow x^2-10x+40=0$$

　上記の式を先ほどの「解の公式」(102 ページ)に当てはめ
ると、

$$x=\frac{-(-10)\pm\sqrt{(-10)^2-4\cdot1\cdot40}}{2\cdot1}$$

$$=\frac{10\pm\sqrt{-60}}{2}$$

$$=\frac{10\pm2\sqrt{-15}}{2}$$

$$=5\pm\sqrt{-15}$$

　最後に、$\sqrt{-15}$ という数が出てきてしまいます。

カルダノが偉かったのはここからです。

　2乗して負になる数など世の中に存在しないことはわかっている。だけど、計算すると値が出てくるのは確かなのだから、この値にも何か意味を持たせよう。それを「**虚数**」と呼ぼうと、世界で初めて主張したのです。カルダノ自身も、虚数などというものを定義して意味があるのかと自問自答していたようですが。

　カルダノと同時代の数学者にとっても、虚数は受け入れがたい存在でした。

　それから時代は下り、18世紀末になってガウスが複素数平面を発明してから、ようやく虚数の持つ数学的な意味がはっきりすることになります。

　複素数平面は数学Ⅲまでお預けなので、残念ながら数学Ⅰでは根号の中が負になったら「実数解は存在しない」ということになります。ただ、実数解がないのならないで、方程式を解く前にそれを知っておきたいものです。

　ではどうやったら、二次方程式が実数解を持つかどうかがわかるのでしょうか。

　それには先ほど導いた解の公式の$\sqrt{}$の中のb^2-4acという部分に注目します。これを**判別式**と呼びます。

　判別式の符号が正であれば、プラスとマイナス、必ず**2つの異なる実数解**があります。判別式が0なら方程式の解は$-\dfrac{b}{2a}$、ただ1つです。これを**重解**といいます。

　そして、判別式が負ならば**実数解は存在しない**ということがわかります。

それにしても、判別式が正か負かの違いだけで、実数解があったりなかったりするというのは不思議ですね。

　この判別式の意味がわかってくるのは、カルダノの時代から約100年後、デカルトが登場してからです。デカルトは座標軸というものを導入し、実数解の有無がどんな意味を持つのかを明らかにしました。

代数学と幾何学はお互いの長所と短所が逆

　ここで、デカルトが活躍した17世紀中頃がどのような時代だったか、軽く触れておくことにしましょう。

　17世紀中頃のヨーロッパでは、文字を使って方程式を解く、いわゆる代数学が成熟しつつありました。

　その一方にあったのが、幾何学です。幾何学は古代ギリシャで発展しましたが、ローマ帝国滅亡後の中世暗黒時代の間、埋もれてしまっていました。その後ルネサンスが起こって古代ギリシャの文化が注目を浴びるようになり、幾何学も復興します。

　つまりデカルトが生きた17世紀中頃に、人類史上初めて代数学と幾何学が並び立つようになりました。

　面白いことに、代数学と幾何学はお互いに長所と短所があべこべの関係になっています。二次方程式の解の公式からもわかる通り、代数学の長所とは一度解法が確立すれば、同じような問題は何でも解けてしまう点です。短所は、抽象的であること。二次方程式を解いても、その結果が実数解だったりそうでなかったりすることの意味はよくわかり

ません。

　一方、幾何学の長所は、図形を扱うわけですからわかりやすいことです。ここの長さを求めよとか、この２つの図形が相似であることを証明せよとか、何をやっているかが非常にわかりやすい、意味が具体的なんですね。ただし、応用を利かせにくいという短所があります。学校でさんざん図形問題をやってきた皆さんもおわかりでしょうが、図形問題は１つ解けたからといって、別の問題も同じように解けるとは限らないわけです。なかなかこれという解法が確立しづらいというのが幾何学の厄介な所です。

　まとめると、次のようになります(図3-17)。

$$
\left[\begin{array}{l} \text{代数学…長所：解法が一般的になりやすい} \\[1em] \text{　　　短所：意味が抽象的（よくわからない）} \end{array}\right]
$$

$$
\left[\begin{array}{l} \text{幾何学…長所：意味が具体的（わかりやすい）} \\[1em] \text{　　　短所：解法が一般的になりづらい} \end{array}\right]
$$

図3-17

　お互いの長所と短所があべこべ(逆)になっていることがわかります。

　デカルトはこのことに気が付き、座標軸というものを発明しました。すでに二次関数のグラフで説明しましたが、式を満たす x、y と座標平面上の点を１対１に対応させることで、図形的に関数が変化する様子を表すことに成功し

たのです。

　それではこれを利用して、二次方程式が実数解を持たないことの意味を説明してみましょう。

　そのために、先程の $y=x^2-10x+40$ という二次関数のグラフを考えます。

　グラフを描くには、まず式を平方完成して、頂点を求めるのでしたね。

$$y=x^2-10x+40$$
$$=(x-5)^2+15$$

　こうして頂点の座標は $(5, 15)$ だということがわかりました。

　このグラフを描くと図 3-18 のようになります。

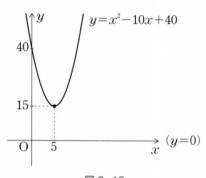

図 3-18

　このグラフを見てどんなことがわかるでしょうか。

　x 軸から浮いているということがまず目に付くと思います。

さて、カルダノが考えていた $x^2-10x+40=0$ という方程式が何を表しているのかというと、$y=x^2-10x+40$ という関数の y が 0 ということです。

　そして、x 軸は $y=0$ という直線でもあります。

　一般に、$ax^2+bx+c=0$ という二次方程式を解くことは、$y=ax^2+bx+c$ という曲線（放物線）と、$y=0$ という直線（x 軸）の共有点を求めることと同じです。

　$y=x^2-10x+40$ という関数のグラフは、x 軸から浮いていて y が 0 になることはありません。だから、実数解がないのだとはっきりイメージできるようになりました。これは、デカルトの非常に大きな功績でしょう。

グラフを使えば二次不等式も簡単に解ける

　二次方程式と二次関数のグラフの関係がわかったところで、それを応用して、今度は**二次不等式**と二次関数のグラフの関係を考えてみましょう。

　二次不等式というのは、$x^2-5x+6>0$ のような形をした不等式です。

　二次方程式のときと同じように、まず $y=x^2-5x+6$ という関数を考えてそれをグラフにするわけですが、今回は右辺を平方完成ではなく、因数分解することにします。

$$x^2-5x+6>0$$

$$y=x^2-5x+6$$
$$=(x-2)(x-3)$$

なぜ因数分解したかというと、積の形をつくることで、x がどんな値を取ったときに y が 0 になるか、わかりやすくなるからです。今回は x が 2 か 3 のとき、y がゼロになる、つまりグラフが x 軸と交わります（図3-19）。

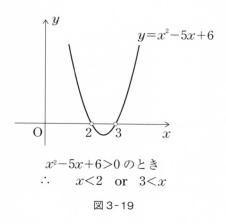

$x^2-5x+6>0$ のとき
$$\therefore \quad x<2 \quad \text{or} \quad 3<x$$

図3-19

　ここで私たちが知りたいのは、x^2-5x+6 が正になるような x の範囲です。

　x^2-5x+6 が正ということは、y が正、つまり $y=x^2-5x+6$ のグラフのうち、x 軸より上側に出ている部分ということになります。x の範囲としては、「2 より小さい」もしくは「3 より大きい」と解けました。

　グラフの x が 2 と 3 になっている点は、○で示しています。x がちょうど 2 や 3 になったときは、$y=0$ になりますから、解には含まれません。

　問題が $x^2-5x+6<0$ だった場合はどうでしょうか。

このときは、グラフの x 軸より下の部分が不等式を満たす範囲ということになりますから、x の範囲は $2<x<3$ ということになります。

　二次方程式なら解の公式でなんとかなるかもしれませんが、二次不等式となるとグラフを使わないとお手上げではないでしょうか。

　二次不等式を通して関数を視覚化することの大事さ、そしてデカルトが座標軸を考え出したことの恩恵を感じてもらえるとうれしいです。

　実務的な面でも、二次不等式は使い出があります。

　本章では、売上を最大化する T シャツの値段を計算するために二次方程式を使いました。あの問題が「売上を何円以上にするには、T シャツの値段をいくらにすればよいか」だったとしたら、途端に二次不等式の問題に変わるわけです。

　このように、ビジネスとも密接に関わる二次関数の世界が垣間見られたのではないでしょうか。

第 4 章

測量から
幾何学は生まれた

図 形 と 計 量

古代ギリシャに端を発する三角比

「sin や cos なんて社会で役に立たない」とうそぶく政治家もいましたが、古代から人間は三角比の有用性に気づき、様々に活用してきました。まずは、簡単に三角比の歴史的経緯を説明しておきましょう。

古代ギリシャの時代、ピタゴラスよりもさらに100年ほど前、紀元前6世紀にタレスという人物がいました。彼はいわゆるギリシャ七賢人の1人で、自然哲学の始祖ともいわれています。

タレスが取り組んでいたのは、今でいう論証数学です。基本的な事柄を証明したら、その証明された事実の上に新しい証明を積み重ねていく。こうした考え方は、タレスから始まったといわれています。

このタレスがエジプトを訪れた際、ピラミッドを見てその高さを測ってみせるといい出しました。ほかの人はそんなことは無理だと思っていたわけですが、タレスはどうやってピラミッドの高さを測ったのでしょう?

夕方あるいは明け方、太陽が傾いているとき、タレスは太陽に背を向けて立ち、自分の影の長さが自分の身長と同じになるまで待ちました。

影と身長が同じ長さということは、図4-01に示したような直角二等辺三角形ができたということです。

そして同じときに、ピラミッドの影の長さを測ります。ピラミッドの方にも大きな直角二等辺三角形ができているので、ピラミッドの1辺の長さを測りその半分を影の長さ

に足せば、ピラミッドの高さがわかるというわけです。

　タレスは、自分と自分の影がつくる直角三角形と、ピラミッドとピラミッドの影がつくる直角三角形は相似であることを利用しました。現代の私たちからすれば何でもないようなことですが、当時の人はこの発想に大いに驚いたそうです。

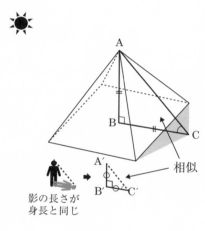

相似

影の長さが
身長と同じ

図 4-01

　直角二等辺三角形に限らず、すべての直角三角形は直角以外の角度の１つが等しいとき、必ず相似になります。

　そもそも人類が「角度」に興味を持つようになったきっかけは、夜空の星の位置を把握しようとしたからでした。

　古代では天動説、つまり地球は静止していて星々は地球の周りを回っているという説が信じられていました。天動

説では、地球の外側には「天球」と呼ばれる巨大な球体があり、地球以外の星はこの天球上を移動すると考えます。

　天球上を移動する星を研究するうちに、人々の興味の対象はやがて、円の中心角と弦の長さの関係へと移っていきました。古代ローマのプトレマイオスが2世紀にまとめた「弦の表」には半径60の円について、色々な中心角に対する弦の長さが細かく調べあげられています。実質的にはこれは、のちにいうところのsinの値を調べたのと同じことでした。ちなみに、半径が「60」なのは、当時天文学では60進法が使われていたからです。

　プトレマイオスは、最終的に天体の運動を説明する理論を構築していくのですが（なお天動説に基づく彼の理論は地動説の登場によって否定されることになります）、ここでsinの語源についても触れておくことにしましょう。

　図4-02の $\dfrac{高さ}{斜辺}$、$\dfrac{AM}{OA}$ をsinといいます。sinは日本語だと「正弦」。これは、AMを2倍に伸ばしたABが、調べたい中心角の正面にある弦だからです。

　では、なぜその弦をsinというのか。sinの語源は、ラテン語のsinusです。しかし、このsinusには弦という意味はなく、もともとは入り江とか湾という意味です。どうしてこんな意味の言葉が語源なのでしょうか。

　プトレマイオスの「弦の表」はインドにも伝えられましたが、インドでは弦の長さは半分で十分ということで改めて書き直されました。そして、その表は「半分（ardha）の弦（jiva）」を意味するardha-jivaと呼ばれるようになり、

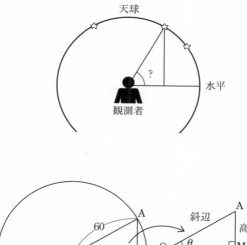

図 4-02

やがて単に jiva と略されるようになっていきます。8 世
紀頃、今度はインドからアラビアにこの表が伝わったので
すが、そのときどうやら誤訳で jiva が jaib という、入江
や湾を表す別のアラビア語になってしまったらしいのです。
さらに、12 世紀のイギリス人がアラビア語からラテン語
に訳す際、jaib は入江を表す sinus となりました。

ここで改めて sin、cos、tan という**三角比**について説明しておきましょう。

　直角三角形の 1 つの角は 90° と決まっていますから、図 4-03 で示した θ が同じであれば、必ず相似になります。なお、∽ は相似を表す記号、θ は角度を表すのによく使われる記号です。

　△ABC と、相似の △A′B′C′ があり、対応する辺をそれぞれ r、x、y と、$r′$、$x′$、$y′$ としておきます。

　△ABC と △A′B′C′ は相似ですから、$\dfrac{高さ}{斜辺}$、つまり $\dfrac{y}{r}$ と $\dfrac{y′}{r′}$ は等しくなります。そのほか、$\dfrac{x}{r}$ と $\dfrac{x′}{r′}$、$\dfrac{y}{x}$ と $\dfrac{y′}{x′}$ も等しいです。

　これらの値は、直角以外の角、θ 次第で決まります。

　よく使うこれらの比には名前が付いており、$\dfrac{y}{r}$ を $\sin\theta$、$\dfrac{x}{r}$ を $\cos\theta$、$\dfrac{y}{x}$ を $\tan\theta$ といいます。なお、$\dfrac{r}{y}$ などそれぞれの逆数にも名前は付いていますが、高校数学では扱いません。

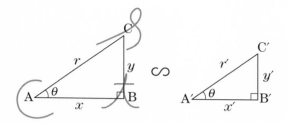

$$\triangle ABC \backsim \triangle A'B'C' \text{ より}$$

$$\frac{y}{r} \;\; = \;\; \frac{y'}{r'} \;\; = \;\; \sin\theta$$

$$\frac{x}{r} \;\; = \;\; \frac{x'}{r'} \;\; = \;\; \cos\theta$$

$$\frac{y}{x} \;\; = \;\; \frac{y'}{x'} \;\; = \;\; \tan\theta$$

図 4-03

　先ほど sin について語源を説明しましたので、cos、tan についても語源を説明しておきます。

　直角三角形における直角以外の角の1つを θ とするとき、もう1つの角を θ の「余角」といいます。英語では complementary angle、つまり足したら 90° になる角ということです。

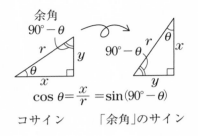

$$\cos \theta = \frac{x}{r} = \sin(90° - \theta)$$

コサイン 「余角」のサイン

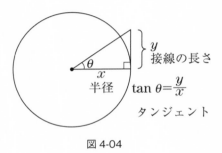

図4-04

　この直角三角形を回転させ、y が下、x が縦になるように置きます。すると、$\frac{x}{r}$ が今度はこの三角形の sin になることがわかります。元の三角形からすると、余角に対する sin、"co"mplementary angle の sin だから、cos ということですね。

　また、図4-04で、$\frac{y}{x}$ は半径と接線の長さの比になっています。接線は英語では tangent というので、そこから $\frac{y}{x}$ を tan というようになりました。

三角比の覚え方

さて、sin、cos、tan のどれがどれだかわからなくならないよう、これを覚えるための有名なテクニックがあります。

図 4-03 にも描いた方法ですね。sin は $\frac{高さ}{斜辺}$ だから筆記体の "s"、cos は $\frac{横}{斜辺}$ だから "c"、tan は $\frac{高さ}{横}$ だから小文字の "t" の字体でそれぞれ覚えるというやり方です。

この覚え方が悪いとはいいませんが、もう少し本質的なことを理解しておいた方が後々応用が利きますから、それを紹介しておくことにしましょう。

重要なことは、直角三角形を見たとき、各辺がどういう関係になっているのか、パッと思い浮かぶようにするということです。

つまり、$\frac{y}{r}$ は $\sin\theta$、$\frac{x}{r}$ は $\cos\theta$ ですから、これらを変形すると、$y = r\sin\theta$、$x = r\cos\theta$ ということになります。

斜辺の長さが r の直角三角形の、横の長さは $r\cos\theta$、高さが $r\sin\theta$ になります。

三角比といわれたら、図 4-05 が頭に浮かぶようにしてください。

この図が浮かぶと、物理の問題も解きやすくなります。

たとえば、斜面を転がってくるボールにどんな力が働くかという問題があったとしましょう。摩擦がなければ、重力 mg と、斜面がボールを支える力、いわゆる垂直抗力 N、

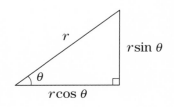

$$\begin{cases} \dfrac{y}{r} = \sin\theta \quad \Rightarrow \quad y = r\sin\theta \\[2mm] \dfrac{x}{r} = \cos\theta \quad \Rightarrow \quad x = r\cos\theta \end{cases}$$

図 4-05

この2つの力で物体の運動が決まります。このような場合、座標軸を設定してそれぞれの方向にかかる力を考えることになります。

　座標軸の取り方はいろいろありますが、ここでは斜面と平行な方向を x 軸、斜面に垂直な方向を y 軸にしましょう。mg を x 方向と y 方向の成分に分けると図 4-06 のようになります。

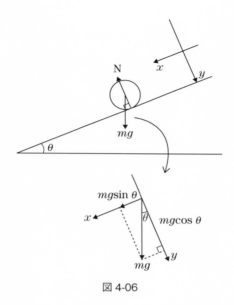

図 4-06

　直角三角形が現れてきました。図に示した角度を θ とすると、mg の y 軸方向の成分は $mg \cos \theta$、x 軸方向の成分が $mg \sin \theta$ と表せます。

　物理を勉強したことがないと一見難しく感じますが、ゲームでキャラクターにジャンプさせたりするときの動きも、こうやって三角比を使って力の成分に分解して計算しているのです。

　いずれにしても図 4-05 のイメージがあれば、三角比が様々なことに応用できるようになります。

様々なものを測るのに使われる三角比

　三角比の実用性を知るため、次の例題をやってみましょう。

　　　木の根もとから水平に *10 m* 離れた地点で、木の先端の仰角を測ったら *28°* だった。目の高さを *1.6 m* として木の高さを答えなさい。

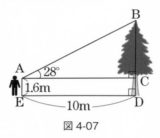

図 4-07

　木までの距離と仰角<ruby>（きょうかく）</ruby>さえわかっていれば、実際に木の高さを測る必要はありません。

　$\tan = \dfrac{高さ}{横}$ でしたから、BC は、木までの距離 AC 10m に、$\tan 28°$ をかければ得られます。$\tan 28°$ の値は、関数電卓を使えばすぐに出てきます。iPhone をお持ちなら、電卓アプリを呼び出して本体を横にしてみてください。$\tan 28°$ はだいたい 0.5317 だとわかります。

　これに木までの距離 10m をかけて、自分の目までの高さ 1.6m を足せば、木の高さを測ることができます。

$$BC = 10 \cdot \tan 28°$$
$$= 10 \cdot 0.5317$$
$$\fallingdotseq 5.3$$

$$木の高さ \risingdotseq 1.6 + 5.3$$

$$= 6.9 \text{ m}$$

　この問題のように三角比を使って行う測量を**三角測量**といいます。タレスが行ったピラミッドの高さの測定も原初の三角測量といえるでしょう。

　街中で、望遠鏡のような機器（測量器）を覗き込んでいる測量士を見かけたことがあるかもしれません。あのような測量器で測っているのは、角度です。途中に川があるなどの理由で、直接測ることが難しい高さや距離を三角測量で求めているのです。

　幾何学のことを英語では geometry といいますが、この言葉は「地」を表す geo と、「測定」を表す metria からできています。元々、測量をすることから幾何学は生まれてきたのですね。

　人工衛星の位置を調べるのも、三角測量です。2つの恒星と、対象の人工衛星で三角形をつくり、角度を測って位置を割り出しています。

　さらに、数学Ⅱになると三角比は、三角関数へ格上げされます。三角関数のグラフは同じ波形が繰り返し現れる周期関数になるのですが、それを使ってさまざまな物理現象を解析することができます。

三角比の相互関係

　三角比の応用に入る前に、もう少し基本的な事柄を説明しておきましょう。

sin、cos、tan の間には重要な相互関係があります。

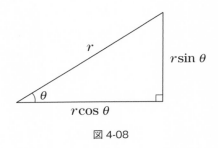

図 4-08

まず、$\tan \theta$ は $\dfrac{高さ}{横}$ でしたから、

$$\tan \theta = \frac{r \sin \theta}{r \cos \theta} = \frac{\sin \theta}{\cos \theta} \quad \cdots\cdots(1)$$

になります。

今度は、三平方(ピタゴラス)の定理を思い出してください。直角を挟む2辺の2乗の和が斜辺の2乗になるという定理ですね。

三平方の定理より、

$$(r \cos \theta)^2 + (r \sin \theta)^2 = r^2$$

$$\Rightarrow r^2 \cdot (\cos \theta)^2 + r^2 \cdot (\sin \theta)^2 = r^2$$

$(\cos \theta)^2$ や $(\sin \theta)^2$、$(\tan \theta)^2$ は、それぞれ $\cos^2 \theta$(読み方は「コサイン2乗シータ」)、$\sin^2 \theta$(読み方は「サイン2乗シータ」)、$\tan^2 \theta$(読み方は「タンジェント2乗シータ」)と書くことになっていますから、

$$\Rightarrow r^2 \cos^2 \theta + r^2 \sin^2 \theta = r^2$$

$$\Rightarrow \cos^2 \theta + \sin^2 \theta = 1 \quad \cdots\cdots(2)$$

となります。

(1)と(2)、2つの相互関係のあることがわかりました。

もちろん、$\cos^2\theta+\sin^2\theta=1$ は、$\sin^2\theta+\cos^2\theta=1$ と書いてもかまいません。ただ、先ほどの図で横を x、高さを y と表しましたから、x、y の順で並べた方が気持ちが良いということで、私は $\cos^2\theta+\sin^2\theta=1$ と書くようにしています。これは好みですね。

あと、$(\cos\theta)^2$ を $\cos^2\theta$ と書くといいましたが、これは $\sin 30^{\circ 2}$ と書いて、$\sin 900^\circ$ のことだと間違われてしまうのを避けるためです。

900° なんて角度はないだろうと思われるかもしれません。けれど数学Ⅱの三角関数では、関数に入力する変数 x を実数全体に拡張するため、負の角度や360度を超える角度も「一般角」として扱うことになります。

(1)と(2)という重要な関係が導かれましたが、さらにもう1つ大事な相互関係があります。

上の2つの関係から導けることなのですが、$1+\tan^2\theta$ という式をつくってみましょう。

$$1+\tan^2\theta=1+\left(\frac{\sin\theta}{\cos\theta}\right)^2$$

$$=\frac{\cos^2\theta+\sin^2\theta}{\cos^2\theta}$$

$$=\frac{1}{\cos^2\theta}\quad\cdots\cdots(3)$$

(1)の $\tan\theta=\dfrac{\sin\theta}{\cos\theta}$ という関係と、(2)の $\cos^2\theta+\sin^2\theta=1$ の関係を使うことで、(3)を導くことができます。

これで3つの相互関係が手に入りました（図4-09）。

三角比の相互関係

(1) $\tan \theta = \dfrac{\sin \theta}{\cos \theta}$

(2) $\cos^2 \theta + \sin^2 \theta = 1$

(3) $1 + \tan^2 \theta = \dfrac{1}{\cos^2 \theta}$

(1)～(3)のうち、独立なのは2式

図4-09

このように、(3)の式は(1)と(2)から導くことができます。逆にいうと、(1)と(3)から(2)を導いたり、(2)と(3)から(1)を導くことも可能です。

また一見するとこの3式には、$\sin \theta$、$\cos \theta$、$\tan \theta$という3つの未知数が含まれているように思えるかもしれません。しかし、これまで述べてきたように、三角比は θ の値によって決まります。

ですから、何か θ に関する具体的な情報が1つあれば、あとは3つの相互関係のうち、2つを使って $\sin \theta$、$\cos \theta$、$\tan \theta$ のすべての値を導き出すことができます。

たとえば、

　　θ は鋭角とする。$\cos \theta = \dfrac{2}{3}$ のとき、$\sin \theta$、$\tan \theta$ の値

　　　　を求めよ。

という例題は、まさに三角比の相互関係を活用する問題です。

　　相互関係の(2)に、$\cos\theta=\dfrac{2}{3}$ を代入して、

$$\left(\dfrac{2}{3}\right)^2+\sin^2\theta=1$$

$$\sin^2\theta=1-\dfrac{4}{9}$$

$$=\dfrac{5}{9}$$

「θ は鋭角とする」という文言がそえられている意味は、次の節で詳しく解説するとして、

　　直角三角形の各辺の比である三角比の値は正なので、$\sin\theta>0$。よって

$$\sin\theta=\dfrac{\sqrt{5}}{3}$$

　　これを相互関係の(1)に代入して、

$$\tan\theta=\dfrac{\sqrt{5}}{3}\div\dfrac{2}{3}=\dfrac{\sqrt{5}}{2}$$

となります。

直角三角形からの脱皮

　　ここまで直角三角形について直角以外の角に注目することで、面白い関係があることを明らかにしてきました。いよいよ直角三角形から卒業して、一般的な三角形で三角比を考えていくことにしましょう。

　　そのために、まず行わなければならないのは、**三角比の**

拡張です。直角三角形にこだわっている限り、θには0°より大きくて、90°より小さい値しか使えません。先ほどの例題で、「θは鋭角とする」としていたのはそういうことだったのです。

数学では、扱える範囲を広げるためにある概念を「拡張」することがよくあります。小学生までは、「3－5」のように引く数の方が大きい引き算は計算できませんでしたが、中学ではできるようになります。数の概念を負の数、すなわち0より小さい数にまで「拡張」したからです。前にカルダノが虚数というものを発案したエピソードを紹介しました。彼も、2次方程式の解の公式で$\sqrt{}$の中が負になる場合も扱えるように、数の概念を2乗して負になる数（虚数）にまで「拡張」したわけです。

また数学Ⅱでは、2^3の「3」のように同じ数を掛け合わせた回数を示す（累乗の）指数を拡張して、2^{-3}や$2^{\frac{1}{3}}$なども扱うようになります。

こうした「拡張」を行うためには新しい定義が必要になりますが、それは拡張前の定義と矛盾するものであってはなりません。負の数を導入するからといって、「5－3」のように答えがプラスになる従来の引き算の答えが変わってしまうようなことがあってはいけないのです。

では、どうやって三角比を拡張していけば良いのでしょう。

新しい定義では、まず半径1の円を考えます。

この半径1の円上にあってx軸の正方向から反時計回りに角度θ進んだ点、この座標を$(\cos\theta,\ \sin\theta)$と定義し、$\tan\theta$

は、先ほどの相互関係（図4-09）を使って定義します（図4-10）。

　このように定義しておけば、θが鋭角の場合は直角三角形を使った以前の定義と同義になります。

　新しい三角比の定義について、教科書だと「半径 r の半円をかき……$\sin\theta=\dfrac{y}{r}$」などと書かれているのですが、このあと色々な問題を解いていく上では半径1の円で考えた方が楽なことが多いので、ここでは「半径1」でいくことにしましょう。

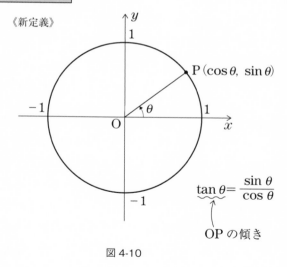

図4-10

この定義を使えば、θが0°や90°、あるいは90°、いや180°を超えてもcosやsin、tanの値が決まります。

数学Ⅰだと、θの範囲を0°以上、180°以下に限ることが多いのですが、数学Ⅱになると円全体で三角関数を定義します。そういうわけで、数学Ⅰの段階から三角比を0°から360°まで拡張しておくのがよいでしょう。

三角比が拡張されたことで、図4-11のようにθが120°のときでもcosやsin、tanの値が出せます。

θが120°の場合、座標の第2象限（xが負で、yが正の領域）に、θが60°の直角三角形ができています。この直角三角形の辺の比（図中の丸数字）は、$1:2:\sqrt{3}$ですね。

半径1の円にしておくとOPの長さは常に1ですから、Pの座標（$\cos\theta$, $\sin\theta$）を求めやすくなります。

Pのx座標は第2象限なのでマイナス記号をつけて、$-\dfrac{1}{2}$です。y座標は$\dfrac{\sqrt{3}}{2}$です。また、$\tan\theta$は、$\dfrac{\sin\theta}{\cos\theta}$なので、$-\sqrt{3}$となります。

図4-11からもわかりますが、この$\tan\theta$はOPの傾きになっています。このように三角比を拡張することで、θが0°や90°の場合も値が決まります。

ここで三角比を含む方程式を考えてみましょう。

$0 \leqq \theta \leqq 120°$のとき、次の等式を満たすθを求めよ。

$$\sin\theta = \frac{\sqrt{3}}{2}$$

半径 1 の半円において、$\theta=120°$ のとき、下の図の点 P の座標は $-\dfrac{1}{2}, \dfrac{\sqrt{3}}{2}$ となる。

よって、$\sin 120° = \dfrac{\sqrt{3}}{2}$、$\cos 120° = -\dfrac{1}{2}$

$\tan 120° = -\sqrt{3}$

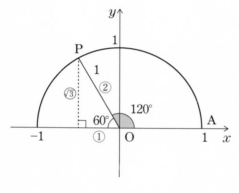

図 4-11

　この問題の $\sin\theta=\dfrac{\sqrt{3}}{2}$ からイメージしていただきたいのは、y 座標が $\dfrac{\sqrt{3}}{2}$ だということ。

　先ほどの図で、P の座標は $(\cos\theta,\ \sin\theta)$ でしたね。

　その上で、半径 1 の「単位円」を描いて考えるようにします。このとき、$\sqrt{3}$ がだいたいどれくらいの値か頭に入っていると、位置の見当を付けやすくなります。$\sqrt{3}$ は

「人並みにおごれや」で、約1.73です。これを2で割って、約0.86（図4-12）。

$$sin\ \theta = \frac{\sqrt{3}}{2}$$

y座標が$\frac{\sqrt{3}}{2}$という意味

$$\fallingdotseq 0.86\cdots$$

図4-12

　1に近いところだから、「だいたいこの辺りだろう」と見当をつけて、線を引いてみます。

　こうした見当を付けやすいように、三角比の拡張では半径1の単位円を使うようにしたのです。

　さて、単位円上のy座標が$\frac{\sqrt{3}}{2}$の点を探すと、有名な直角三角形（30°, 60°, 90°の直角三角形）が見えてきてθがわかります。x座標が正の方は60°、負の方は120°です（図4-13）。

数学Iにおける図形の本丸 「正弦定理」と「余弦定理」

　ここまで三角比について説明してきましたが、実はこのあたりの内容は、数学IIで学ぶ三角関数の準備のようなものです。

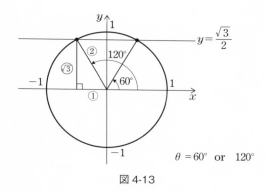

$$\theta = 60° \quad or \quad 120°$$

図 4-13

　数学Ⅰにおける三角比の本丸は、これから説明する**正弦定理**と**余弦定理**。この2つを理解することで、直角三角形以外の三角形についても、辺の長さや角度、面積を簡単に求められるようになります。

　正弦定理から攻略していきましょう。

　章の冒頭で説明したように、正弦とは sin のこと。つまり、正弦定理は sin に関する定理です。

　適当な三角形 ABC と、その外接円を描きます。数学では三角形の頂点は大文字で表し、頂点と向かい合う辺は対応する小文字で表すのが慣例になっています。

　BC を固定しておき、頂点 A だけを移動させるとしましょう。どこに移動するかといえば、AC が外接円の直径になるところです。その移動先を A′ としておきます。

　「円周角の定理」より、∠A は∠A′ と同じです（図4-14）。

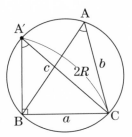

円周角の定理より、∠A = ∠A'

図 4-14

　三角形 A'BC に注目すると、A'C は直径ですね。直径に対する円周角は $90°$ ですから、三角形 A'BC の∠B も直角です。

　三角形 ABC の外接円の半径を R とすると、A'C は $2R$。$\sin A'$ は、ちょうど $\frac{a}{2R}$ になります。

　∠A は∠A'に等しいのですから、$\sin A'$ が $\frac{a}{2R}$ なら、$\sin A$ も $\frac{a}{2R}$ です。

　三角比の定義より、

$$\sin A' = \frac{a}{2R}$$

$$\Rightarrow \quad \sin A = \frac{a}{2R}$$

こうして得られた式を変形すると、

$$\frac{a}{\sin A} = 2R$$

という式が得られます。

今、私は三角形 ABC を描いた後、頂点 A を頂点 A′ へと動かしましたが、頂点 B や頂点 C を動かして直径をつくることだってできます。そうすると、

$$\frac{b}{\sin B}=2R, \ \frac{c}{\sin C}=2R$$

も導くことができます。

結局、$\dfrac{a}{\sin A}$ も $\dfrac{b}{\sin B}$ も $\dfrac{c}{\sin C}$ も、全部 $2R$ に等しくなりました。これが**正弦定理**です。

【正弦定理】

$$\frac{a}{\sin A}=\frac{b}{\sin B}=\frac{c}{\sin C}=2R$$

この勢いで、余弦定理も説明してしまいましょう。

一般の三角形 ABC を用意して、慣例通り∠A、∠B、∠C に向かい合う辺をそれぞれ、a、b、c としておきます。今回は頂点 C から AB に対して垂線 CH を下ろしましょう。△AHC という直角三角形ができますね（図 4-15）。

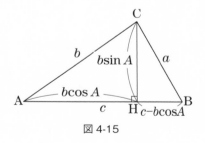

図 4-15

この図は重要ですから、よく見てください。

直角三角形 AHC に注目すると、斜辺が b ですから、高さ CH は $b \sin A$、幅 AH は $b \cos A$ になります（図 4-08 参照）。BH の長さは、AB つまり c から $b \cos A$ を引いたものです。

　△CHB について、三平方の定理を使うと、

$a^2 = (b \sin A)^2 + (c - b \cos A)^2$ という式が成り立ちます。

式を展開して整理しましょう。

$$a^2 = (b \sin A)^2 + (c - b \cos A)^2$$
$$\Rightarrow a^2 = b^2 \sin^2 A + c^2 - 2bc \cos A + b^2 \cos^2 A$$
$$\Rightarrow a^2 = b^2 (\sin^2 A + \cos^2 A) + c^2 - 2bc \cos A$$

　三角比の相互関係で学んだように、$\sin^2 \theta + \cos^2 \theta$ は常に 1 でした。

　結局、

$$a^2 = b^2 + c^2 - 2bc \cos A$$

となります。これが**余弦定理**です。

　さて、先ほど私は頂点 C から AB に向かって垂線を下ろしましたが、頂点 A や頂点 B についても同じことができます。

【余弦定理】

$$a^2 = b^2 + c^2 - 2bc \cos A$$
$$b^2 = a^2 + c^2 - 2ac \cos B$$
$$c^2 = a^2 + b^2 - 2ab \cos C$$

　正弦定理にしても余弦定理にしても、最終的に複雑な式が出てきたと思われたかもしれません。けれど、これらの式を丸暗記してしまっては意味がありません。

私は生徒に数学を教えるとき、証明のプロセスを大事にしてこだわります。前にも書いた通り、結果よりも証明のプロセスにこそ意味があるし、そのプロセスを学ぶことが数学センスを磨く最短距離だと信じているからです。

　正弦定理は**円周角の定理**から、余弦定理は**三平方の定理**からそれぞれ導いています。

　つまり、それぞれ円周角の定理や三平方の定理の発展形なんですね。問題に角度の情報が多いなら正弦定理、辺の情報が多いときには余弦定理を使うようにすると、うまく解ける図形問題が多いのはそのためです。

　　正弦定理…円周角の定理の発展形→「角度」の定理

　　余弦定理…三平方の定理の発展形→「辺」の定理

図 4-16

　こうした感覚は定理や公式を丸暗記しているだけではなかなか身につきませんが、丁寧に証明を追いかけることによって養われていきます。

　時間がないからといって、定理や公式だけを覚えて何とかしようとしていると、結局いつまでも理解が深まらず足踏みしてしまうことになりかねません。

一般の三角形について面積を求める

　それでは、余弦定理を使って、三角形の面積を出してみましょう。

また、直角三角形ではない一般の三角形 ABC を描きます。高さ、そして面積を知りたいので、補助線を入れてみます。補助線の高さは、$b \sin A$ になります（図4-17）。

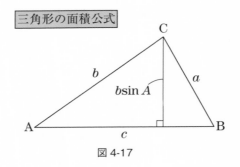

三角形の面積公式

図4-17

　ということで、△ABC の面積は、次のように書くことができます。

$$\triangle \text{ABC} = \frac{1}{2}c \cdot b \sin A$$

$$= \frac{1}{2}bc \cdot \sin A$$

三角形の面積は、$\frac{1}{2}$・底辺・高さでしたから、$\frac{1}{2}c \cdot b \sin A$。次の行では、計算の順番を変えて、$\frac{1}{2}bc \cdot \sin A$ としました。

　今回はたまたま頂点 C から AB に垂線を下ろしていますが、頂点 A や頂点 B から下ろしても良いわけです。

　そうなると △ABC の面積は、$\frac{1}{2}ac \cdot \sin B$ でも $\frac{1}{2}ab \cdot \sin C$ でも良いわけです。

つまり、三角形の面積は、2つの辺の長さと、その間の角度の sin を掛けて、$\frac{1}{2}$ を掛ければ出せるということです。

　私は高校生になって、この「**三角形の面積公式**」を知ったとき、とても感動したことをよく覚えています。中学で学ぶ合同条件から、三角形は3つの辺の長さが決まれば1つに決まります。それなのに中学では、3辺の長さがわかっても高さがわからなければ補助線を引き、三平方の定理を何度か使って連立方程式を立て、それを解かないと面積が求められませんでした。

　でもこの公式と余弦定理を使えば、3辺の長さが既知の三角形は（補助線も連立方程式も必要なく）どんなものでも面積が計算できます。これがうれしかったのです。

　実際に、3辺の長さが与えられている三角形の面積を出してみましょう。

　　△ ABC において、$a=5$、$b=6$、$c=7$ のとき，この三角形の面積 S を求めよ。

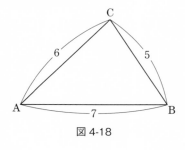

図 4-18

余弦定理から、

$$a^2 = b^2 + c^2 - 2bc \cos A$$

$$\Rightarrow \cos A = \frac{b^2 + c^2 - a^2}{2bc}$$

各辺の長さを代入すると、

$$\cos A = \frac{6^2 + 7^2 - 5^2}{2 \cdot 6 \cdot 7} = \frac{5}{7}$$

cos と sin の相互関係、$\cos^2 \theta + \sin^2 \theta = 1$ から、

$$\sin A = \sqrt{1 - \cos^2 A} = \sqrt{1 - \left(\frac{5}{7}\right)^2} = \frac{2\sqrt{6}}{7}$$

三角形の面積公式に当てはめると面積 S は、

$$S = \frac{1}{2}bc \cdot \sin A = \frac{1}{2} \cdot 6 \cdot 7 \cdot \frac{2\sqrt{6}}{7} = 6\sqrt{6}$$

となります。

三角測量における正弦定理の利用

　測量において三角比が活用されていることは先に述べた通りですが、そこで距離を測るために使われているのが正弦定理です。

　たとえば、図 4-19 のように岸から海を隔てて島までの距離を測りたい場合はどうすれば良いのでしょうか。

　2 点 A、B は海岸にあり、C は島にあります。A から B への距離は 1000m。測量器を使うことで、∠A が 62°、∠B が 73° ということはわかっており、三角形の内角の和は 180° ですから、∠C が 45° ということもわかります。

　では、このとき、B から C までの距離 x の長さはどのくらいでしょうか。

　正弦定理から、

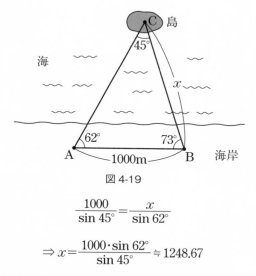

図 4-19

$$\frac{1000}{\sin 45°} = \frac{x}{\sin 62°}$$

$$\Rightarrow x = \frac{1000 \cdot \sin 62°}{\sin 45°} \fallingdotseq 1248.67$$

となります（最後の計算では関数電卓を使いました）。

なぜ三角比を学ぶのか

　このように三角比を応用することで、実社会にも応用は利くわけですが、測量士でもない人が毎日距離を求めることはしないでしょう。

　三角比に限らず、中学数学、高校数学で学ぶことがそのまま実社会で応用できるケースはそれほど多くはありません（次章で解説する統計は実社会においてかなり使い出があるのですが、これは例外といえそうです）。

　では、なぜ私たちは三角比を学ぶのか。

　それは、算数と数学の違いに関わってきます。誤解を恐

れずにいえば、算数は**生活能力**です。いわゆる「読み・書き・算盤」の算盤にあたります。生活では「結局いくらなのか」という結果が求められるので、算数は、すでにやり方がわかっている問題を素早く正確に解けるよう訓練するための教科です。3割引だといくら安くなるか計算したり、4人分のレシピを見て3人分の料理をつくったり、時速80kmで走っているなら20km先のサービスエリアまであと何分かかるか計算できたり、といった具合です。

　一方の数学は、**未知の問題を解決する方法を学ぶ教科**です。

　第3章で紹介したカルダノが活躍した16世紀頃、方程式の解の公式を見つけようと、大勢の数学者が夢中になりました。どんな二次方程式でも解ける公式があるのだから、三次や四次の方程式にもそうした公式があるのでないか。そうやって、次々と解の公式が見つかっていきます。ちなみに五次方程式以上では解の公式が存在しないのですが、それを証明するために今度は「群論」と呼ばれる分野の手法が使われることになりました。

　数学は、いつも未知の問題に取り組んできました。

　一般に成り立つ事象を積みあげていき、そうして得た知見を元に、未知の問題に立ち向かう。そういう演繹的思考で、未知の問題に立ち向かうことが数学の醍醐味といえます。

　たとえば、余弦定理は、直角三角形でしか使えない三平方の定理から出発し、直角三角形以外の三角形についても辺の長さや面積を求められるよう、一般化を積み重ねてい

ったものということになります。

そういった先人のたちの試行錯誤を追体験し、未知の問題に取り組むための思考訓練を行うのが、高校数学の目的なのです。

空間図形を把握するトレーニング

数学Ⅰの「図形と計量」の中で、特に社会人もやっていただきたいのが空間図形への応用です。空間図形から平面図形を切り出し、正弦定理や余弦定理を適用することで2点間の距離などを求めるというものです。空間図形の問題は、まずは対象をしっかりと知り、その上で考えやすい切り口を見出すことの大切さを教えてくれます。

高校生に数学を教えていると、けっこうな数の生徒が空間図形を苦手にしていることがわかります。空間図形が苦手な人の多くはそもそも空間図形をちゃんと見たことがないようです。教科書に掲載されている正四面体の説明を読んで、見取り図も見ているのだけれど、実物を見たことがないという人が意外に多いのですね。

みなさんは、正四面体をぱっと頭に思い浮かべることができますか。私が小学生の頃は、学校給食に三角パックの牛乳がよく出たものですが、あれが四面体です。三角パックの場合、各辺の長さが完全に同じではないため、本当の正四面体ではありませんが。

身の回りをよく観察すると、数学でよく使う空間図形が見つかるものです。大根や豆腐を切ってみれば、円柱や直

方体の断面がどうなっているかが直感的にわかります。

実物を見れば見るほど、空間図形はイメージしやすくなるのですが、実物を知らずに見取り図だけを見てもなかなかイメージをつかめないのは当然です。

ボードゲームでは正四面体や正八面体、正二十面体などのサイコロを使うことがありますし、正多面体の模型も今なら簡単に入手できます。こうしたものを身の回りに置いておくのは、空間図形に親しむ意味でもとてもよいことだと思います。

ふだんから空間図形に親しんでいれば、見取り図を見るだけで本来の空間図形をイメージできるようになります。その上で、「**次元を下げる**」ようにすれば、空間図形の問題は攻略できます。

たとえば、図 4-20 のような問題です。

> 1辺の長さが a の正四面体 ABCD において、辺
> CD の中点を M とする。このとき △ABM の面積を
> 求めよ。

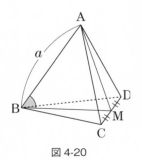

図 4-20

ABCD は正四面体ですから、すべての面が正三角形になっています。けれど、見取り図になると正三角形っぽく見えなくて、勘違いしてしまう人が出てきます。

　実際は AM も BM も、正三角形の底辺の垂直二等分線に過ぎません。三角形 ACD を切り出したら、30°、60°、90° の直角三角形の辺の比が $1:2:\sqrt{3}$ であることから AM の長さはすぐに求められます（図 4-21）。

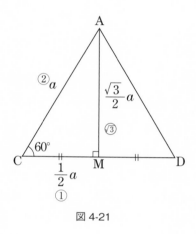

図 4-21

　AM の長さがわかりましたから、問題文にある三角形 ABM を図に描いてみましょう（図 4-22）。

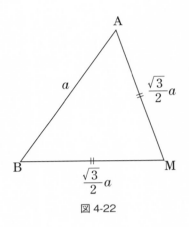

図 4-22

　ここまでできれば、あとは図 4-18 の問題と同じように余弦定理と三角形の面積公式を使って面積を出していけばよいわけです（具体的な計算は割愛します。答…$\dfrac{\sqrt{2}}{4}a^2$）。

　空間図形の計量問題は、立体的な見取り図から、次元を下げて、平面図形を切り出す。切り出した平面図形に正弦定理、余弦定理などを適用するというのが、基本的な攻略法になります。

　空間図形のイメージができると、三角測量についてももう少し複雑な問題がわかるようになります。鉄塔や山の高さを測ることは、実際によく行われていますね。

200 m 離れた2地点 A と B から山頂 P を見ると、
∠ PAB = 75°、∠ PBA = 60°であり、地点 A から山頂
P を見た仰角は 30° であった。山頂 P と地点 A の標高
差 PH を求めよ。

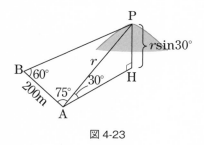

図 4-23

　この問題でわかっているのは、AB 間の距離。そして、
切り出した2つの三角形の角度です。△PBA の辺 PA は
正弦定理を使って出せますから、あとは直角三角形 PAH
について考えるだけです。

　PA を r とすれば、PH の高さは $r\sin 30°$ で求められま
す（具体的な計算は割愛します。答…$50\sqrt{6}$ m）。

第5章

安易な結びつけは
危険

データの分析

統計の重要度が高まっている

　近年、データの分析・活用に世間的な注目が集まっています。業務のデジタル化が進み、データをきちんと分析できる人材の需要は高まる一方です。

　こうした趨勢を受けて、高校数学の指導要領も大きく変化してきました。数学Ⅰにおける最も大きな変化は、この章で解説する「データの分析」でしょう。以前の指導要領だと統計は数学Cにまとめられていましたが、2009年度からは数学Ⅰでも「データの分析」として、統計の基礎知識を解説するようになりました。そして、令和4年度(2022年度)の高校1年生から順次施行される新指導要領では、さらに統計の内容が拡充されます。

記述統計と推測統計

　統計には大きく分けて、「記述統計」と「推測統計」の2つがあります(図5-01)。

記述統計…データの性質をグラフや表や数値で示す

推測統計…一部のサンプルを調べて全体について推し量る
図5-01

　記述統計の目的は、データの特徴をわかりやすく示すこと。たとえば、図5-02のような「生データ」——東京に

おける4月の最高気温（2013年）──があったとしても、これだけでは数字の羅列で何もわかりません。そんなとき表やグラフなどを使い、数字の羅列からデータの特徴を明らかにしていくのが記述統計です。

東京における4月の最高気温（2013年）

┌─データ1（単位は℃）─────────────────────
│　15.2　12.6　16.6　21.4　22.5　20.7　23.1　20.2　21.7　17.9
│　13.6　15.7　16.2　20.6　22.6　21.4　23.3　23.4　19.9　11.5
│　10.2　17.3　18.7　18.0　22.8　22.6　21.2　20.5　21.7　21.9
└────────────────────────────────────

図5-02

　一方の推測統計は、**一部のサンプルを調べて、全体──母集団といいます──について推し量る**のが目的です。大きな鍋に味噌汁をつくって全体を混ぜ、一匙すくって味見して、全体の味を推測する。推測統計はそういうイメージだと思ってください。

　ただ残念ながら、数学Iでは推測統計をまったく扱いません。現在のカリキュラムでは推測統計はベクトルや数列と共に数学Bの選択単元に入っていますが、ほとんどの受験生は推測統計を選択せず、受験でもまず出題されません。こうした状況が危惧され、次の指導要領から、推測統計は高校2年生の必須分野になることが決まっています。

度数分布表

　というわけで、数学Ⅰでは記述統計を学ぶわけですが、データの特徴を示す一番簡単な方法は表をつくることです。統計では、**度数分布表**がよく使われます。

　先に出した「東京における4月の最高気温」（図5-02）の生データを度数分布表にまとめたのが図5-03です。

データ1の度数分布表

階級（℃）	度数
10 以上 12 未満	2
12 ～ 14	2
14 ～ 16	2
16 ～ 18	4
18 ～ 20	3
20 ～ 22	10
22 ～ 24	7
計	30

図5-03

　「**階級**」は、測定した値を分類するための区間。「**度数**」は、ある階級に含まれる数値が何回出現したのかという回数を示しています。表を見ると、階級は「12～14」、「14～16」というふうに2℃刻みになっていますから、この「**階級の幅**」は2℃です。各階級の中央値、つまり真ん中の値を「**階級値**」といいます。「12～14」階級の階級値は13ですね。

　度数分布表をつくるときに気を付けなければならないのは、階級の数を多すぎず、少なすぎずにするということ。

一般的に、階級の数は5〜10くらいが良いとされています。

　仮に、度数分布表を10℃から24℃まで、1℃の幅で14、5個の階級に分けたらどうでしょう。それぞれの階級の度数はほとんど1か2ばかりになってしまって、結局どんなふうにデータが分布しているのかよくわからなくなります。

　逆に、同じ度数分布表を、10℃から18℃と、18℃から24℃という2つの階級のみにわけたらどうでしょう。やはり、どういうデータ分布かつかみかねてしまいます。

　そういうわけで、階級はだいたい10個弱くらいにすることになっています。生データがあったら、まず最小値と最大値を見て、どれくらいの幅にすれば10個程度の階級になるかを考えてください。

　ちなみに、階級の個数を決める公式として、**スタージェスの公式**というものもあります。これは適切な階級の数をK、データに含まれる値の個数をNとしたとき、

$$K = \log_2 N + 1$$

になるというものです。数学Ⅱで登場する対数関数を使っているので一見難しそうですが、たとえば2の5乗個、つまり32個のデータがあったとしたら、Kは、

$$K = \log_2 32 + 1 = \log_2 2^5 + 1 = 5 + 1 = 6$$

で6になることがわかります（$\log_2 32$ は、32が2の何乗になるかを示しています）。

　また、**JIS規格**では、階級の幅を1、2、5、10、20など、切りのよい数字にして、階級の個数は5から20個に収まるようにすることを推奨しています。

ヒストグラム

　度数分布表にすることで、生データよりもずいぶん見やすくはなりましたが、データ全体がどうなっているのかまだ一目瞭然とはいきません。

　そこで今度は、**ヒストグラム**と呼ばれる棒グラフでデータを表してみましょう。図 5-04 は、「東京における 4 月の最高気温（2013 年）」をヒストグラムにしたものです。

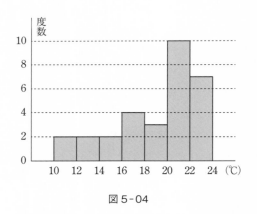

図 5-04

　ヒストグラムを見ると、温度が高い方にデータが偏っていることがわかります。

　さて、ヒストグラムをつくる上では 2 つの約束事があります。1 つは、両端を空けるということ。もう 1 つは、棒の間隔を空けないということ。

　両端を空けておけば、データの範囲が一目瞭然です。こ

の場合なら「全体のデータは10℃から24℃の間に入っている」ということがすぐにわかります。

棒と棒の間を空けないのはなぜかといえば、空けてしまうとそこに度数が0の階級があるように見えてしまうからです。

ただ、表計算ソフトなどでヒストグラムを作成すると、初期状態のままでは棒と棒の間が空いてしまうのは要注意です。棒と棒の間隔を指定するオプションがありますから、自分で設定して、間隔を0にしておきましょう。

平均値にも色々ある

統計では、データの特徴を表す様々な「代表値」を使います。

絶対にこれだけは覚えておいてほしい代表値は、3つ。**平均値、中央値、最頻値**です。

平均値は、一番よく耳にする代表値でしょう。

ただ、平均値にも色々なタイプがあるということは知っておいてください。

数学Ⅰの教科書に掲載されているのは、**相加平均**あるいは**算術平均**といわれるもの。要するに、全部足して個数で割りましょうという小学校以来お馴染みの平均です。

算術平均は次のような式で表せます。

$$\bar{x} = \frac{1}{n}(x_1 + x_2 + \cdots\cdots + x_n)$$

相加平均以外には、数学Ⅱで習う**相乗平均**あるいは**幾何**

平均というものがあります。

　幾何平均（相乗平均）は次のような式で表せます。

$$\overline{x} = \sqrt[n]{x_1 x_2 \cdots \cdots x_n}$$

　データが n 個あったら、それを全部掛け合わせて、最後に n 乗根を取るというものです。

　相乗平均は、たとえば企業の業績が毎年どれだけ向上しているか、といった場合に使われます。

　ある企業の売上が、1 年目 100 億円、2 年目 120 億円、3 年目 180 億円、4 年目 288 億円だったとしましょう。

　1 年目から 2 年目は 120%、次は 150%、その次は 160% の成長です（図 5-05）。

　では、この企業は平均で毎年何 % 成長しているでしょうか？

$$\begin{array}{ccccccc}
& 120\% & & 150\% & & 160\% & \\
100 & \rightarrow & 120 & \rightarrow & 180 & \rightarrow & 288
\end{array}$$

図 5-05

　相加平均で計算すると、

$$\frac{120 + 150 + 160}{3} = \frac{430}{3} = 143.333\cdots$$

　100 億円からスタートして、毎年 143.333…% ずつ成長したら 4 年目には約 294 億円。実際の 288 億円とはずいぶんずれてしまいました。

　こういう場合は、相乗平均を使います。

$$\sqrt[3]{120 \cdot 150 \cdot 160} = 142.275\cdots$$

　100 億円からスタートして、年間 142.275…% ずつ成長

すると、4年目にはぴったり288億円になります。わずかなパーセンテージの違いが、最終的に大きな違いにつながってきますから注意が必要です。

平均値だけでなく、中央値も見る

　平均値(以降、本書で平均値といった場合、相加平均を指します)はよく使われますが、怖さもあります。

　たとえば、テストの平均点を考えてみます。

　A組の平均値が80点で、B組の平均値が60点とすると、A組の方が優秀な気がしてしまいますが、平均値だけでは何ともいえません。A組の方はとびきり優秀な生徒が1人、2人いて、全体の平均値を押し上げている可能性があります。

　平均値の怖さの例としてよく出てくるのが、年収や資産など、お金にまつわるデータです。一部の超富裕層が全体の平均値を大幅に引き上げているので、平均だけでは「ふつう」が見えてきません。

　データを扱うときは、平均値だけでなく中央値も見るようにしましょう。中央値は、その名の通り、真ん中の値。中央値は平均値よりも、極端な値——外れ値——の影響を受けづらいのです。

　中央値は文字通り真ん中の値ですが、データの個数が奇数か偶数かによって違ってきますから、説明しておきましょう。

　データに含まれる値の数が、奇数、つまり $2n+1$ 個の

ときは、データを小さい順に並べていって真ん中に来る値が中央値です。

　偶数のときはどうでしょう。下位半分の一番大きい値と、上位半分の一番小さい値の平均が中央値になります（図5-06）。

中央値

データに含まれる値の数が奇数のとき

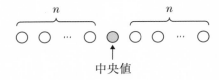

中央値

データに含まれる値の数が偶数のとき

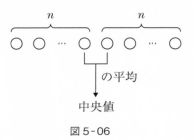

の平均

中央値

図5-06

　平均値よりも、中央値が重要になってくるのはどんなケースでしょうか。

　先ほど挙げた年収や資産の他、ブログにおける記事ごとの閲覧数、市町村別の人口、書籍ごとの売上などは、平均

値よりも中央値で見た方が実態を把握しやすくなります。一部の人や記事だけが突出して大きな値になっていて、その他大勢の値はそれほど大きくないケースですね。

　数学Ⅰの範囲からは外れてしまいますが、これらは「**べき分布**」と呼ばれる分布になっていることが多いといえます。分数関数、つまり反比例に似た形の分布です。べき分布になるデータでは、平均値にはほとんど意味がないこともあります。

べき分布と正規分布

【べき分布】　　　　　　　　　【正規分布】

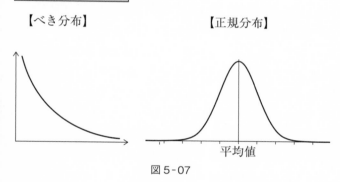

平均値

図5-07

　平均値が特に意味を持つデータの分布というのは、いわゆる「**正規分布**」です（図5-07）。

　平均値と中央値がほぼ同じであれば正規分布のような左右対称の分布になっている可能性が高いです。一方、平均値と中央値が大きく違うようなら、べき分布のような偏りのある分布になっていると思われます。正規分布、べき分

布以外にも、ポワソン分布、カイ2乗分布など重要な分布はたくさんありますが、高校数学の範囲を超えますからここではこのくらいにしておきましょう。

最も個数の多い値、最頻値

3つ目の最頻値は、読んで字のごとく、最も個数が多い値です。

たとえば、靴店を経営しているのであれば、サイズがいくつの靴が一番売れているのか、つまり最頻値を知ることには意味がありそうですね。靴のように1足、2足などと個数を数えられるものを**離散量**といいます。

一方、気温や長さ、時間といった**連続量**で最頻値を考えることはあまり意味がありません。連続量は、精度を高くすれば小数点以下をいくらでも細かくできますから、同じ値が重なることは少ないのです。

ただし、連続量でも最頻値という言葉を使うことはあります。連続量のデータの場合は、度数分布表の中で最も度数の大きな階級の階級値を「最頻値」とするのが普通です。先の「東京における4月の最高気温」でいえば、20℃〜22℃の階級の度数が最も大きいので、最頻値は21℃です。

四分位数と箱ひげ図でデータの散らばりを調べる

平均値、中央値、最頻値を取ることで、データの特徴が少しは見えてきました。

今度は、**データの散らばり**について調べていくことにしましょう。

たとえば、あるテストの平均点が50点のとき、自分の点数は80点だったとします。

このとき、80点にはどの程度価値があるのでしょうか。

ほとんどの人の点数は40点から70点の範囲に入っていて、自分だけが80点なのだったとしたら、相当よい結果だったことになります。けれど、90点や100点の人もそれなりにいるのであれば、80点は大したことはない平凡な点数ということになってしまいます。

そこで元のデータがどういうふうに散らばっているのか調べる方法を順を追って説明していきましょう。

まずは、**範囲**と**四分位数**からです。

範囲は、最小値と最大値の幅のこと。範囲が広ければ広い領域にデータが散らばっている、範囲が狭ければ狭い領域に散らばっているということですが、それだけではさすがに大雑把すぎますから、「四分位数」というものを考えます。

データの集まりをまず中央値で2つに分けます。その後、下位半分の中央値と上位半分の中央値も調べて、全部で4つに分けます（図5-08）。

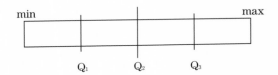

Q₁…第 1 四分位数（下位半分の中央値）
Q₂…第 2 四分位数（全体の中央値）
Q₃…第 3 四分位数（上位半分の中央値）

図 5-08

Q_1 とも書く第 1 四分位数は下位半分の中央値、Q_2 は全体の中央値、そして Q_3 は上位半分の中央値です。

この 3 つを調べることで、データがどんなふうに散らばっているのかがわかってきます。

次のような A というデータの集まりと、B というデータの集まりがあって、それぞれの最小値（min）、最大値（max）、Q_1、Q_2、Q_3 が図 5-09 のようになっていたとします。

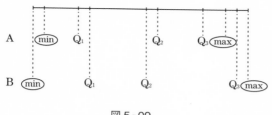

図 5-09

　範囲は、A よりも B の方が広いですね。また Q_3 の位置
は、A と B でずいぶんずれています。B の Q_3 は最大値に
近いところにあることから、B は上位 25% がこのあたり
に密集していることがわかります。また最小値と Q_1 の幅
を比べると、A の方が狭いですね。下位 25% に関しては、
A の方が密集しています。

　この図をもっとわかりやすくしたのが「**箱ひげ図**」とい
うものです（図 5-10）。

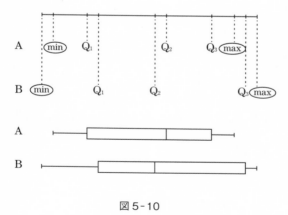

図 5-10

箱ひげ図では、Q_1 から Q_3 までを箱、長方形で描き、Q_2 のところに線を入れます。次に箱からひげを伸ばし、最小値と最大値を描きます。

　Q_3 から Q_1 を引いた差、箱の部分が**四分位範囲**です。四分位範囲というのは、真ん中の50％の人がどの範囲に入っているのかを表しています。

　この Q_3 から Q_1 を引いた差を2で割ったものを、**四分位偏差**といいます（図5-11）。

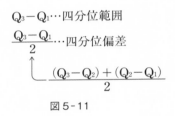

図5-11

　なぜ、四分位範囲を2で割っただけのものを、わざわざ四分位偏差として別建てにするのでしょうか。

　実は四分位偏差は、Q_3 から Q_2 までの差と、Q_2 から Q_1 までの差の平均です。計算すると Q_2 が消えて、結果的に四分位範囲を2で割ったものになるわけです。

　箱ひげ図を見ると、データが全体的にどう散らばっているか、真ん中の50％がどういう範囲に入っているか、下位の25％と上位の25％がどの範囲に入っているかといったことが視覚的にわかりやすくなります。

分散と標準偏差

　四分位数や箱ひげ図を使うことで、データの散らばりがだいぶ見えてきました。ただ、Q_1、Q_2、Q_3 といった複数の値を出す必要はあり、ちょっと面倒くさい感じがします。

　何か1つの数値で、データの散らばり具合がぱっとわかる、そういうものはないでしょうか。

　まさにそのために編み出されたのが、**分散**と**標準偏差**です。分散や標準偏差は、次の式で求めます。

分散　$s^2 = \dfrac{1}{n}\{(x_1-\overline{x})^2+(x_2-\overline{x})^2+\cdots\cdots+(x_n-\overline{x})^2\}$

標準偏差　$s = \sqrt{\dfrac{1}{n}\{(x_1-\overline{x})^2+(x_2-\overline{x})^2+\cdots\cdots+(x_n-\overline{x})^2\}}$

　いきなり複雑な式が出てきましたが、なぜこんな値を求めるのかを説明しましょう。

　A組とB組という2つのクラスがあり、クラス人数はそれぞれ5人。各生徒のテスト結果は、図5-12のようになっていたとします。

						平均
A組	30	40	50	60	70	50(点)
B組	48	49	50	51	52	50(点)

図5-12

　A組もB組も、平均値は50点です。平均値は同じですが、点数の散らばり具合は明らかにA組の方が大きいですね。

散らばり具合を知りたいのだから、各生徒の点数が平均値からどれくらい離れているのかを調べて、その平均を計算すれば散らばり具合がわかるのではないでしょうか。

実際にやってみましょう。

平均値と個々の値の差を**偏差**といい、図5-13はそれぞれのクラスの生徒の偏差を表しています。

偏差（平均との差）

						平均
A 組	−20	−10	0	10	20	0(点)
B 組	−2	−1	0	1	2	0(点)

図 5-13

偏差は出ましたが、それらの平均値を出してみると、A組、B組とも0になってしまいます。実はこれは偶然ではなくて、当たり前です。

そもそも平均というのは、平らに均すこと。平均との差（偏差）の平均とは、いわば、凸凹を平らに均した後の地面の高さを0とし、次に地面を掘り起こしてもとの凸凹に戻したあと、ふたたび平らに均したときの高さのようなものです。そう考えれば偏差の平均が0(1回目に平らに均したときの高さ)になるのは当たり前に感じられるのではないでしょうか。

単純に偏差を足し合わせるだけではプラスマイナスが相殺して0になってしまいますから、まず偏差を2乗します。

偏差（平均との差）²

						平均
A組	400	100	0	100	400	200（点²）
B組	4	1	0	1	4	2（点²）

図5-14

　こうやって出した偏差の2乗について、平均値を出して
みると、A組は200、B組は2と、きちんと違いが出ます
（図5-14）。これはデータの散らばり具合を表すのに使え
そうだということで、偏差の2乗の平均値のことを**分散**と
呼ぶようになりました。

　しかし、分散には2つ欠点があります。

　1つは、値が大きくなりがちなこと。最大値を見ても、
A組は70点、B組は52点で20点も違わないのに、分散
は200と2になってしまっています。

　もう1つは、単位がわかりづらいこと。「点²」というの
は、意味が不明です。

　そこで、分散のルートを取った**標準偏差**という値が使わ
れるようになりました（図5-15）。

　　　 分散の欠点
　① 値が大き過ぎる
　② 単位が奇妙

$$標準偏差 = \sqrt{分散}$$

図5-15

2乗したものの平均を取って、さらにそのルートを取るというのは、結局何をやっているのかよくわからないという人もいるでしょう。これは数学Ⅱの範囲になるのですが、2乗してルートを取るということは、三平方の定理を使って2点間の距離を求めているのと同じだと考えてください。各点が平均値からどれだけ離れているかを計算しているわけです。

　分散から標準偏差を算出したのですから、分散は不要と思いきや、実は分散も使われる状況は多くあります。標準偏差を出すためにはルートを計算しなければなりませんから、どちらの散らばり具合が大きいかを調べるだけなら分散でも十分です。

偏差値を正しく理解する

　標準偏差について解説したところで、数学Ⅰの範囲ではありませんが、**偏差値**についても簡単に説明しておくことにしましょう。

　個人の得点を x、平均点を $\overline{x}$、標準偏差を s としたとき、偏差値 y は、次の式で求めることができます。

$$y = \frac{x - \overline{x}}{s} \times 10 + 50$$

　こうやって求めた偏差値は、何を表しているのでしょうか。

　たとえば、偏差値60であれば、平均値から標準偏差1個分だけ離れているということです。偏差値が70なら、

平均値からちょうど標準偏差2個分離れているということがわかります。自分の得点が平均値と同じなら、偏差値は50になります。

共通テスト（旧センター試験）のように、大勢の人間が受けるテストの場合、結果は正規分布になることがわかっています。正規分布のグラフを描くと、図5-16のように釣り鐘型の左右対称になります。

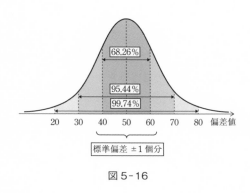

図 5-16

得点の分布が正規分布であれば偏差値40から60の間に全体の7割弱、偏差値30から70の間にほぼ95%が入ります。偏差値70以上というのは、上位2.5パーセント、40人クラスなら1位というところです。偏差値60以上だと上位15%くらいなので、40人クラスだと6位、7位といったあたりです。もちろんそれがいえるのは、分布が正規分布だと仮定できる場合であり、少人数の場合は必ずしも結果が正規分布になるとは限りません。

2022年に行われた第2回の共通テストは、多くの科目

が難化し、前身のセンター試験を含めて平均点が過去最低でした。特に数学Ⅰ・Aの平均点は37.96点となり、それまでの最低点(2010年の48.96点)より11点も低くなったことから大きな話題になりました。

仮にこのテストで100点を取ったとすると、偏差値はいくつになるでしょうか？　大学入試センターの発表によると標準偏差は17.12(点)だったようなので計算してみます。

$$\frac{100-37.96}{17.12} \times 10 + 50 = 86.238\cdots$$

「86」というのは偏差値としてはあまり見たことがないような数字ですね。それだけ100点を取ることは非常に難しい問題だったとわかります。

散布図を使って、視覚的に相関関係を把握する

分散、標準偏差、偏差値と、データ分析の基礎知識を学んできましたが、もう1つ重要な概念が残っています。それが**相関**です。

一方が増えたとき、もう片方が増える、あるいは減るといった傾向があるとき、お互いの間に**相関関係がある**といいます。一方が増えて片方も増えるなら、正の相関関係。一方が増えて片方は減るなら、負の相関関係です。

気温とビールの売上などは、正の相関関係の例としてよく挙げられます。気温が2倍になったからといってビールの売上がちょうど2倍になるというわけではないでしょうが、やはり気温が高くなればビールもたくさん売れる傾向

にあるのは確かなようです。

　負の相関関係の例としては、一般には駅からの距離と家賃でしょうか。これも駅からの距離が2倍になれば家賃が2分の1になるわけではないですが、他の条件が同じなら、駅から離れた賃貸物件はだいたい安くなります。

　こうしたデータの相関を調べる上で一番手っ取り早いのが、**散布図**を描く方法です。

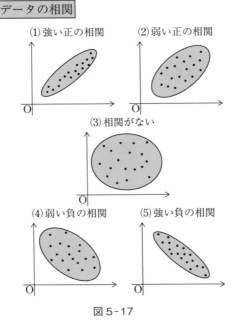

図5-17

　たとえば、あるクラスの生徒の身長と体重のデータがあ

ったら、x 座標を身長、y 座標を体重として、個々のデータの表す点を座標平面上に打ってみるのです。こうやってできたものが、散布図になります（図 5-17）。

散布図を描くとデータの相関が視覚的にわかるようになります。

図 5-17 の (1) や (2) のように右肩上がりになっているのが正の相関、(4) や (5) のように右肩下がりになっているのが負の相関。点の分布が細長くなっているほど強い相関があり、幅広だと相関は弱いです。円形にばらけているのであれば、相関がないといえます。

共分散と相関係数を使って、相関関係を数値で表す

散布図はわかりやすいのですが、複数のデータについて相関を調べようとするとちょっと面倒になります。たとえば、身長と体重の相関を調べる場合、チームごとの相関を知りたいとなったらどうでしょう。散布図ではっきりとした違いが出るならよいですが、微妙な違いだと「チーム A の分布はチーム B よりちょっと幅広かな？」と印象論になってしまいがちです。

データの分析というからには、やはり数値計算を行って相関の強弱を客観的に比べたくなりますね。

そのために使われる量が、**共分散**です。

x、y というデータの組が n 個あった場合、共分散 S_{xy} は次のようにして求めます。

$$S_{xy} = \frac{1}{n} \{ (x_1 - \overline{x})(y_1 - \overline{y}) + (x_2 - \overline{x})(y_2 - \overline{y}) + \cdots\cdots$$
$$+ (x_n - \overline{x})(y_n - \overline{y}) \}$$

長い式ですが、実際に行っていることはそれほど難しくありません。

たとえば、x と y のデータの組があって、それで散布図を描いたら図5-18のようになったとしましょう。$\overline{x}$、$\overline{y}$ はそれぞれ x、y の平均値を表しています。

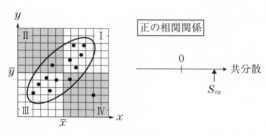

図5-18

この散布図を見ると、全体的に右肩上がりになっていますから、正の相関があることがわかります。

散布図中、Ⅰと書かれている領域にあるデータを見てみましょう。Ⅰの領域にあるすべての点は、x も y も平均値より大きくなっています。(x_1, y_1) がⅠの領域にあるときは、$x_1 - \overline{x}$ も正、$y_1 - \overline{y}$ も正ですから、$(x_1 - \overline{x})(y_1 - \overline{y})$ も正になります。

同様にして (x_1, y_1) がⅢの領域にあるなら、$x_1 - \overline{x}$ も負、$y_1 - \overline{y}$ も負ですから、$(x_1 - \overline{x})(y_1 - \overline{y})$ は正です。

共分散というのは、平均値との差（偏差）の積を足し合わせて、個数 n で割ったもの。ですから、ⅠやⅢの領域にある点が多ければ、共分散は正になります。

　一方、負の相関になっているデータの場合は、ⅡやⅣの領域の点が多くなります（図5-19）。

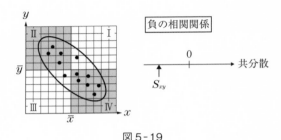

図5-19

　(x_1, y_1) がⅡの領域にある場合、$x_1 - \overline{x}$ は負、$y_1 - \overline{y}$ は正ですから、$(x_1 - \overline{x})(y_1 - \overline{y})$ は負。Ⅳの領域の場合も、やはり負になります。

　つまり、ⅡやⅣの領域に点がたくさん分布している場合、負の値をたくさん足し合わせることになりますから、共分散は 0 よりも小さくなります。

　すべての領域にまんべんなく点が分布している場合は、偏差の積は正だったり負だったりしますから、共分散は 0 に近づいていくことになります。

　共分散を使うことで、相関関係を数値で表せるようにはなりましたが、まだいろいろと不都合があります。

　学校内の複数クラスで身長と体重の相関関係を比べるだ

けなら、共分散でよいでしょう。では、全然別のデータの相関関係を比べたくなったらどうでしょうか。

　身長と体重、英語と数学のテスト結果、駅からの距離と家賃などなど、データによって用いる単位や数値の大きさはまったく異なります。共分散は元のデータで使っている単位や数値の影響を受けますから、データの種類によって桁がまったく違ってきてしまいます。これだと、英語と数学のテスト結果の相関関係と、駅からの距離と家賃の相関関係を比べることができません。

　どんなデータを持ってきたとしても、値がいつもある範囲に収まるような標準化を行いたいわけです。

　そのために使われるのが**相関係数**です。x と y の共分散を S_{xy}、x の標準偏差を S_x、y の標準偏差を S_y とすると、相関係数 r は次の式で表されます。

$$r = \frac{S_{xy}}{S_x S_y} \qquad (-1 \leq r \leq 1)$$

　この相関係数は、**必ず −1 以上 1 以下になります**。その証明もあるのですが、ちょっと難しいため、数学Ⅰでは割愛されています。高校数学の知識で理解できる内容ですから、興味のある人は拙著『ふたたびの確率・統計』(すばる舎)などを参照していただければと思います。

　相関係数を算出できれば、異なる種類のデータ同士であっても、相関の度合いを1つの数値で比較できるようになります。

　相関係数と、相関の強弱をイメージ化したのが図5-20です。

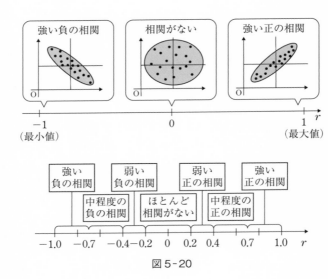

図 5-20

　相関係数が 1 に近いほど強い正の相関があり、−1 に近いほど強い負の相関があります。

　厳密なルールがあるわけではないですが、だいたい 0.7 から 1.0 が強い正の相関で、0.4 から 0.7 くらいを中程度の正の相関とする人が多いと思います。

　散布図において誰が見てもはっきり相関があるといえるのは、相関係数が 0.7 から 1.0、−0.7 から −1.0 の範囲にあるときでしょう。絶対値で 0.2 を切ると、相関があるというのは厳しいという感じです。

相関関係と因果関係はどう違う？

相関関係は、ものすごく注意深く扱う必要があります。

身長と体重の相関を調べると、だいたい強い正の相関関係があるという結果になります。身長が高い人ほど体重も重いというのは、多くの人の想像通りでしょう。

しかし、意外な組み合わせに相関関係が見つかることもあります。

仮に、あるグループにおける身長と数学の点数の相関係数を調べて、0.6 や 0.7 という値になったとしましょう。これをどう解釈するか。

短絡的な人は「身長が高いほど、数学が得意なんだ」といってしまいがちです。相関関係に意外性があるほど、面白くてつい人に話したくなってしまいますね。

けれど、相関関係があるとき、次の可能性があることをきちんと理解しておくべきです（図 5-21）。

【相関関係についての注意点】

A と B に相関関係があるとき、考えられる可能性

① A が原因 → B が結果

② B が原因 → A が結果

③ A と B が共に、共通の原因 C の結果

④ より複雑な関係がある

⑤ たまたま

図 5-21

相関関係があるからといって、必ずそこに因果関係があるとは限りません。

　仮に、新聞の購買と年収の間に正の相関関係が出たとしましょう。新聞社なら①のように「新聞を読めば、年収が高くなるんです」と主張したいところでしょうが、②の可能性も考えられます。年収が高くなって社会的地位が上がり、色々な人との話題づくりのために新聞を読むようになるのかもしれません。

　③の例として、たとえば地域ごとの銀行の数とレストランの数に正の相関関係があったとします。しかし、銀行が増えたからレストランが増えた、あるいはレストランが増えたから銀行が増えたと考えるのはちょっと難しそうです。町の人口という共通の原因が、銀行やレストランの数に影響を与えているとも考えられます。

　④や⑤についてはどうでしょう。先に述べたように、あるグループでは、身長が高い人ほど数学の点数も良いということは十分にありえます。しかし、身長と数学の点数の間に直接の因果関係があるのではなく、途中に様々な要因が複雑に絡み合っているのかもしれませんし、あるいは単なる偶然で、正の相関関係があるように見えているだけかもしれません。

　相関関係があるかどうか調べるには、散布図を描くなり、相関係数を計算する方法があるわけですが、そこから因果関係の有無を判断するのは、実は大変難しいことなのです。

　いずれにしても、分析の手法を明らかにせず「データでは××になっているから、××なんだ！」と声高に主張

する人がいたとき、その主張を鵜呑みにするのは非常に危険なので注意してください。

因果関係とは何か

　先ほど因果関係という言葉を使いましたが、結局のところ因果関係とはいったい何なのでしょうか。

　因果関係の数学的な定義は特にありません。何かを証明したら因果関係があるといった基準があるわけではないのです。

　第3章で関数について説明しましたが、あるデータ同士が関数の関係になっているのであれば、そこには因果関係があると考えてもよいでしょう。つまり、x が入力、y が出力だった場合、x が原因で y がその結果だとはいえると思います。

　しかし、たんに相関関係があるという事柄から、因果関係があるかないかを判断するのは数学の領分を越えます。数学Ⅰの「データ分析」では、いくつかの例を挙げて相関関係を説明していますが、掲載されているデータから因果関係があると断言できるものは1つもありません。ちなみに、因果関係がないということを証明するのは簡単です。「AならばB」という命題があったら、その反例が1個でも見つかれば命題は偽ということになります。

　因果関係は、人間の認知を扱う学問、それこそ社会学や経済学、心理学などで扱うべき事柄ということになりそうです。

では、数学的な手法で相関関係を調べることに意味がないかといえばそんなことはありません。相関関係を調べているうちに興味深い事象を発見できたら、因果関係が証明できなかったとしても、それを活用することはできるわけです。

　19世紀のハンガリー人の医師センメルヴェイスは、産科の違いで妊婦の死亡率が大きく異なることに気づきました。彼にはその原因がわからなかったものの、医師や助産師が手洗いしているかどうかが違いだと考え、手洗い消毒を導入。その結果、妊婦の死亡率は劇的に低下しました。ただし、当時は細菌の存在が知られておらず、センメルヴェイスの主張が認められるようになったのは、彼の死後数十年経ってからだったのですが。

　因果関係がどうなっているのかわからなくても、強い相関関係が見られるならさらに分析したり、何らかの施策を打ったりすることもできます。もしかしたら（慎重な判断は必要ですが）世界を変える、本当に重要な因果関係につながる発見もあるかもしれません。

第 6 章

直感を
裏切るもの

場 合 の 数 と 確 率

ものを数えることは知性の基盤

　第6章で学ぶのは**場合の数**と**確率**ですが、ある意味、こ
こで行っているのは数を数えることだといえるでしょう。
数を数えられるのは当たり前だと思うかもしれませんが、
多数のものを効率よく数えるには知性が必要です。

　入社試験や公務員試験などでは、場合の数に関する問題
がよく出題されます。その人の知的能力を測るために、数
を数えさせるというのは、手っ取り早い方法なのですね。

　英語でcalculusという言葉は、計算法、あるいは微積
分法を表します。ラテン語のcalculusに由来するのです
が、この言葉は元々「小石」を意味していました(腎臓結
石などの石は今でもcalculusといいます)。

　なぜ小石が計算法の語源になったのでしょう？

　大昔、人間は3つ以上の数を頭の中で数えられなかった
といいます。大きな数を数えようとすると、「1つ、2つ、
3つ……たくさん！」となってしまっていたようです。

　けれど、昔でも数を「たくさん」数えなければならない
状況はよくありました。たとえば、10頭の牛を飼ってい
て放牧していたら、夕方に全頭戻ってきたかを確認しない
といけません。頭の中で数えられないときはどうしたかと
いうと、小石を使いました。牛1頭1頭に色々な形の石を
1対1に対応させておき、夕方になって帰ってきた牛と石
を1個ずつ照らし合わせて、全部あてはまれば大丈夫とい
う具合に数えていたようです。

　そういうわけで、小石を表すcalculusが計算法の語源

になりました。

　もちろん、1、2、3……というように指折り数を数えることは幼児の頃から誰でもやっていますが、100、200、1000となれば指では間に合いません。数が多くなっていけば、どう数えるかという工夫が求められることになります。

　たとえば、映画館に入場した客数を数える必要があったとしましょう。実際に映画館にいる人を数えるのはなかなか大変です。トイレに行っている人や別の席に移ってしまう人、途中で帰ってしまう人だっているかもしれません。けれど、入口で係員がお客さんからチケットの半券を受け取る（もぎる）ようにすれば、半券を数えることでお客さんの数もわかります。

　複雑な案件があったとき、何か1対1に対応しているものを見つけて、作業や思考を楽にする。これは数学において重要な素養です。

順列と組合せ

　ものを数える際に、確認すべき重要なことが2つあります。

　1つは**順序を考える必要があるのか**、もう1つは**重複が許されるのかどうか**ということです。

　たとえば、図6-01のようにABCの3文字から2文字を選ぶとしましょう。

A、B、Cの3文字から2文字を選ぶ

	順序を考える	順序を考えない
重複を許さない	順列 $_3P_2=3\times2=6$［通り］	組合せ $_3C_2=\dfrac{3\times2}{2\times1}=3$［通り］
重複を許す	重複順列 $_3\Pi_2=3^2=9$［通り］	重複組合せ $_3H_2=\dfrac{4\times3}{2\times1}=6$［通り］

図6-01

　順序ありで、重複を許さない場合（**順列**）は、AB、AC、BA、BC、CA、CBのパターンがあります。重複は許されないので、AAやBB等はダメです。

　順序なしで重複を許さない場合（**組合せ**）は、ABとBAは同じパターンとして扱われます。結局、AB、AC、BCの3パターンだけということですね。

　順序ありで重複も許す場合（**重複順列**）は、さっきはダメだったAA、BB、CCも入ってきます。図に挙げたパターンは全部含むことになります。

　順序なしで重複を許す場合（**重複組合せ**）は、ABとBAは同じになりますから、全部で6通りということですね。

場合の数を考える際は、まず順序の有・無、そして重複を許す・許さないを正確に判断することがポイントになってきます。

順列のパターンを階乗で計算する

　順列と組合せの定義自体はそれほど難しくはないと思います。

　日常生活で例を挙げるとしたら、3人で構成されるチームで、リーダーとサブリーダーを選ぶというのはまさに順列です。同じ人物がリーダーとサブリーダーの両方を務めることはないので重複は許されません。また、リーダーがＡ、サブリーダーがＢの場合と、リーダーがＢ、サブリーダーがＡの場合では、きっとチームのカラーも変わってくるでしょうから選ぶ順序も考慮する必要があります。

　一方、3人から買い出しに行く2人を選ぶというケースでは、それは組合せということになります。ＡとＢの2人をＡＢという順番で選ぼうが、ＢＡという順番で選ぼうが、いっしょに買い出しに行く2人は同じです。

　それでは順列の場合の数は、どのように数えたら良いでしょうか。ＡＢＣの3人で構成されるチームで、リーダーとサブリーダーを選ぶケースを考えてみます。

　最初にリーダー、次にサブリーダーを選ぶとすれば、リーダー候補はＡＢＣの3人ですから、3通り。サブリーダーは、リーダー以外の2人から選びますから、2通り。

　結局3×2＝6（通り）ということになります。

数学では、順列を表す英語 Permutation の頭文字、P
で表します。3人から2人を選ぶ場合の数は、$_3P_2$ と書き
ます。$_3P_2＝3×2$ というわけです（図6-02）。

　$_3P_2$ は、3から始めて数を1つずつ減らしながら、2個の
数字を掛け合わせるという意味を持つことがわかります。

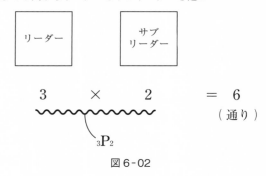

ABC の3人からリーダーとサブリーダーを選ぶ

図6-02

　では、$_{10}P_4$ はどうでしょう。10から始めて数を1つずつ
減らしながら4つの数を掛けることになります。ですから、
$10×9×8×7$ です。

　$_4P_4$ のように、4人から4人選ぶときは、ある数から始
めて、1つずつ数字を減らしながら最後の数字が1になる
まで掛け合わせる。これは4！と書いて、4の**階乗**と読み
ます（図6-03）。

　字のごとく、階乗は階段のイメージでよいと思います。
階段が4段、3段、2段、1段とあって、1段ずつ下がって
いくイメージです。階乗の記号として感嘆符が使われてい

るのは、結果がびっくりするほど大きくなるからだ、という人もいますが、真偽の程は定かではありません。

$$_{10}P_4 \quad = \quad 10 \times 9 \times 8 \times 7$$

$$_4P_4 \quad = \quad 4 \times 3 \times 2 \times 1 \quad = \quad 4！$$

階乗

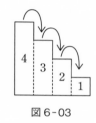

図 6-03

　ただし、階乗の結果がすごく大きな数になるというのは本当です。

　トランプのジョーカーを除く全カード 52 枚を用意して、これらを一列に並べる場合の順列は $_{52}P_{52}$、つまり 52！です。これを iPhone の電卓で計算してみると、8.06581……e67、約 8×10^{67} と出ました（e は指数表記で 10 の何乗になっているかを示しています）。

　地球を構成する原子の総数は 10^{50} 個くらいですから、トランプを一列に並べるパターンの方がはるかに多いことになります。

組合せの具体例

　同様にして、組合せの場合の数も数えてみましょう。組合せは順序なしですから、AB も BA も同じパターンとして扱われます。

　組合せは Combination の頭文字を取って、C で表されます。3 人から 2 人を選ぶ組合せは、$_3C_2$ と書きます。

　では、$_3P_2$ と $_3C_2$ はどんな関係になっているのでしょうか。

　$_3P_2$ だと 6 通りあったものが、$_3C_2$ では半分になっています。半分になるのは、AB と BA、AC と CA、BC と CB が同じパターンとして扱われるからです。

　では、5 人の候補から 3 人を選ぶのであれば、どうなるでしょうか。

　$_5C_3$ は、$\dfrac{_5P_3}{3}$ ではなく、$\dfrac{_5P_3}{3!}$ になります。

　3 人を選ぶ際の順序の並び替えの分だけ、組合せとしてはダブってしまうからです。これを公式化すると、次のようになります。

$$_nC_r = \frac{_nP_r}{r!}$$

重複順列と重複組合せ

　順列と組合せについてそれぞれ重複を許す、重複順列と重複組合せがありますから、これについても簡単に説明しておきましょう。

　重複順列は簡単です。3 つの中から 2 つを選ぶとき、重

複を許すということは、最初の候補は 3 通り、次の候補には最初の候補も選んで良いわけですからやはり 3 通り考えられます。

　A と B の 2 人でジャンケンをするようなケースがこれに当たります。A はグー、チョキ、パー、いずれの手の形も出せますし、B も同様です。

　つまり、3^2 通りになります。

　重複順列は、考え方も計算方法も簡単です。高校数学では出てきませんが、Π という重複順列の記号もあります。これは円周率で使われる π の大文字でアルファベットの P に相当します。重複順列は英語で Repeated Permutation ですが、P はすでに重複を許さない順列で使用済みのため Π が使われることになったようです。

　$_n\Pi_r$ は、n 個の中から、重複を許して r 個取ることを示します。枠が r 個あってそれぞれが n 通りあるわけですから、パターンの総数は n^r になります（図 6-04）。

【重複順列】

$$3 \quad \times \quad 3 \quad = \quad 3^2$$

$$_3\Pi_2 = 3^2$$

$$_n\Pi_r = n^r$$

図 6-04

一方、最後に残った順序なし重複ありの重複組合せは、難しいです。かつて理系向けの数学Cがあった頃は、重複組合せだけ数Cで学習するようになっていました。

　重複を許す組合せを考えるのは、どのようなケースでしょうか。

　たとえば、ABCの3人からなるチームがあり、このチームに2本の缶コーヒーを差し入れするとします。飲む順番は問わず、2本を誰かが飲むとしたとき（同じ人が2本飲んでもかまいません）、飲む人のパターンが重複組合せになります。

　重複組合せの場合の数は、仕切りを入れた図で考えるのがオススメです（図6-05）。

【重複組合せ】

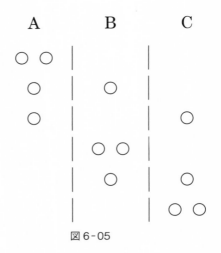

図6-05

たとえば、Aが2つとも飲んでしまうパターンは、図6-05のようにAのところに○を2つ描き入れて、仕切りも入れておきます。BやCが2本とも飲むパターンも同様です。そのほか、AとBが1本ずつ飲むパターン、AとCが1本ずつ飲むパターン、BとCが1本ずつ飲むパターンがあり、全部で6通りになります。

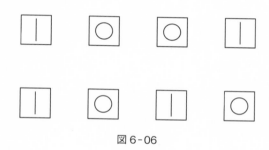

図6-06

　結局、缶コーヒーを表す○だけでなく、AB間、BC間の仕切り2つも合わせて、全部で4つのアイテムの並べ方を考えれば良いわけです。これらの並び替えの総数を求めるために、4つの四角い枠を用意し、2つの○の入り方が何通りあるかを考えましょう（図6-06）。

　4つの枠から○が入る枠を2つ選べば、残りの仕切りが入る枠は自動的に決まるので、A、B、Cの3つから重複を探して2つ選ぶ重複組合せの総数は $_4C_2$ という計算をすればよいとわかります。なお重複組合せの記号の由来は難しいのですが、その数が斉次積（homogenous product）と呼ばれる同次多項式の項の種類の数と一致することから、

H を使います。

$$_3H_2 = {}_4C_2 = \frac{_4P_2}{2!}$$

$$= \frac{4 \times 3}{2 \times 1}$$

$$= 6$$

　順列、組合せ、重複順列、重複組合せという4つの並べ方について説明してきましたが、もちろんこれで世の中にある並べ方の全部をカバーできているわけではありません。

　ちなみに数学Aの教科書では、先に挙げた4つの並べ方のほかに、異なるものを円形に並べる円順列についても解説しています。円形に並べるということは n 個の点のどこからスタートしても同じ。だから、異なる n 個のものの円順列の総数は、$\frac{_nP_n}{n} = (n-1)!$ というふうに説明しているわけですが、この式を覚えていなくても、順列をどう数え上げるかがきちんとわかっていれば、その場で導くことは難しくありません。

　場合の数の問題に限らず問題に出そうなパターンについて、逐一公式や解法を丸暗記するというやり方もありますが、私が生徒に教えるときには公式の数をできる限り減らすよう心がけています。そして汎用性の高い公式については、丸暗記するのではなく、きちんと導き方まで含めて学んでもらいます。そうしておけば、複雑な問題に出合ったときにも応用が利くはずです。

誤解して使われやすい確率という言葉

　ここから**確率**の説明に入りますが、この言葉を聞いたことがないという人はいないでしょう。もしかすると「確率」は、日常生活で一番馴染みのある数学用語かもしれません。一方で、一番間違って使われている用語だとも感じます。

　たとえば、「帰りが遅くなると、奥さんに怒られる確率が上がってしまう」とか、「A社との契約が取れる確率は50％あります」といった言い方をついしがちですが、これらは数学的な意味での確率とは異なります。

　「帰りが遅くなったら奥さんに怒られる」というのは、そこに因果関係があるわけですから、偶然の結果ではありません。

　また、「A社との契約が取れる確率は50％あります」といっても、普通1つの会社と何かについて契約するのは1回きりであり、前回と完全に同じ環境下で契約を結ぶことはまずないでしょう。

　ならば確率とは何ぞやということになりますが、それは図6-08のように表せます。

確率

何回も繰り返すことができて

1回1回の結果が偶然に左右されるとき

ある事柄が起きる程度を、0〜1の数字で表したもの

図6-08

何回も繰り返せて、なおかつ結果が偶然に左右されるという意味では、日常的に確率という用語が当てはまるケースはあまり多くありません。そのため、教科書の例題もサイコロやトランプ、コインなどを使ったものに偏っています。

　ちなみに、数学的な意味での確率は、**数学的（先験的）確率**と、**統計的（経験的）確率**の2つに大きく分けられます。数学Aで学ぶのは前者です（最近のカリキュラムでは中1で統計的確率を学びます）。

　数学的確率では、実際に行うのではなく計算によって確率を算出します。たとえば、理想的なサイコロを仮定して、「1個のサイコロを振ったとき、1の目の出る確率は$\frac{1}{6}$」と計算するのは、数学的確率ということになります。

　一方の統計的確率では、実際にサイコロを振ります。たとえば、1万回サイコロを振って偶数の目が出たのは4987回だったら、「偶数の目が出る確率は$\frac{4987}{10000}$」ということになるわけです。

　数学Aで学ぶのは数学的確率ですが、数学的確率と統計的確率は**大数の法則**によって結びついています。

　「統計的確率でサンプルとして実験・観測した数値の個数が多くなればなるほど、結果は数学的確率に近づいていく」というのが大数の法則です（図6-09）。

数学的（先験的）確率
統計的（経験的）確率 ｝ 大数の法則

図6-09

　コインを実際に10回投げたとして、表が出るのがちょうど5回になるとは限りません。たまたま10回表が連続して出ることだってあるでしょう。では、1万回投げたらどうでしょうか。1万回も投げれば、1万回表が出ることはあり得ません。誰が行っても表が出る回数と裏が出る回数はほぼ同じになるはずです。

　サンプルとして集めた数値の個数が少ないときには、統計的確率と数学的確率の結果がまったく違うものになることは珍しくありませんが、その数が多くなればなるほど、2つの確率は同じ値に近づいていきます。

　ただ、統計的確率をきちんと求めることが大変に難しいということは知っておいてください。得られたデータが恣意的なものではなく、きちんと偶然に左右された（ランダム性が確保された）ものなのかどうかは常に疑う必要があります。

確率のポイントは「同様に確からしい」かどうか

　さて中学、高校で学ぶ数学的確率について、一番大事なポイントは、「同様に確からしい」かどうかです。

　普段の会話では耳にしない奇妙な日本語ではありますが、これは「同じ程度に期待できる」かどうかと言い換えても

いいでしょう。

例として、「2つのサイコロを投げたとき、目の和が6になる確率」を求めてみます。

ここでカギになるのは、順列で考えるか、組合せで考えるかということです。

まず順列で考えた場合、全体の場合の数は「6×6」で36通りあります。

目の和が6になるのは四角で囲っている箇所で、5個。

というわけで順列で考えると、確率は$\frac{5}{36}$になります（図6-10）。

一方、組合せで考えた場合はどうなるでしょう。

目の出方は全部で21通りあり、目の和が6になるものは {1, 5}、{2, 4}、{3, 3} の3つです。$\frac{3}{21}$だから答えは$\frac{1}{7}$……実は、組合せで考えた方は間違いです（図6-11）。

いったいどこで間違ったのでしょうか。

組合せでは全部で21通りあるといいましたが、組合せで考える場合、ゾロ目とそれ以外が「同様に確からしいとはいえない」のです。

たとえば、両方とも1になるゾロ目については、順列でも組合せでもこの1通りしかありません。しかし、目が1と2の場合、順列では(1, 2)と(2, 1)のケースが考えられます。

つまり、組合せにおける {1, 2} のケースは、{1, 1} のケースよりも出やすいのです。ちなみに、数学では(　)は順序が大事なとき（例：座標）に、{　}は順序を問わない

《順列で考えた場合》

(1, 1)、(1, 2)、(1, 3)、(1, 4)、$\boxed{(1, 5)}$、(1, 6)

(2, 1)、(2, 2)、(2, 3)、$\boxed{(2, 4)}$、(2, 5)、(2, 6)

(3, 1)、(3, 2)、$\boxed{(3, 3)}$、(3, 4)、(3, 5)、(3, 6)

(4, 1)、$\boxed{(4, 2)}$、(4, 3)、(4, 4)、(4, 5)、(4, 6)

$\boxed{(5, 1)}$、(5, 2)、(5, 3)、(5, 4)、(5, 5)、(5, 6)

(6, 1)、(6, 2)、(6, 3)、(6, 4)、(6, 5)、(6, 6)

$$\Rightarrow \frac{5}{36} \qquad \bigcirc$$

図6-10

《組合せで考えた場合》

{1, 1}、{1, 2}、{1, 3}、{1, 4}、$\boxed{\{1, 5\}}$、{1, 6}

{2, 2}、{2, 3}、$\boxed{\{2, 4\}}$、{2, 5}、{2, 6}

$\boxed{\{3, 3\}}$、{3, 4}、{3, 5}、{3, 6}

{4, 4}、{4, 5}、{4, 6}

{5, 5}、{5, 6}

{6, 6}

$$\Rightarrow \frac{3}{21} = \frac{1}{7} \qquad \times$$

図6-11

とき(例：集合)に使います。

　賭博の世界では、昔から確率の違いがきちんと認識され
ていました。中国や東南アジアでは大小(ダイサイ)という
サイコロを使ったゲームが人気です。3つのサイコロを使
って出る目の合計を当てるというのが基本的なルールです
が、ゾロ目の方が高配当になるよう設定されています。

ここで確率の計算方法を確認しておきましょう（図6-12）。

$$確率 = \frac{特定のケースの場合の数}{全体の場合の数}$$

図6-12

　注意すべきは、「全体の場合の数」を考えるとき、その1つ1つが「同様に確からしい」ことをきちんと確認してから計算しなければならないということです。たとえば、一般的に宝くじには1等、1等前後賞、1等組違い賞、2等〜7等、はずれの10種類が用意されていますが、だからといって1等が当たる確率は当然 $\frac{1}{10}$ ではありません。それぞれのくじの当たり方が「同様に確からしくない」からです。

　ところで、計算によって求めた数学的確率が本当に正しいかどうかはどうやって検証すればよいのでしょうか。2個のサイコロを投げたときに、目の和が6になる確率は本当に $\frac{5}{36}$ といい切ってよいのでしょうか。

　実をいえば、数学的確率の結果が本当に正しいといい切るためには、統計的確率に委ねるしかありません。つまり、実際にサイコロを何回も何回も、それこそ気が遠くなるくらい振って、$\frac{5}{36}$ に近づくことを確かめる必要があります。

独立な試行の確率

　何回か繰り返す試行の確率を考えるとき、基本となるのは「**独立な試行の確率**」です。

　独立な試行というのは、前の結果が後ろの結果に影響しないことを指します。たとえば、コインを投げることとサイコロを振ることは互いに独立な試行です。当然、コインの表裏の結果は、サイコロの目に影響しません。

　たとえば、

　　当たりくじを3本を含む10本のくじがある。この中から1本ずつ2回続けてクジを引く。2回とも当たる確率を求めよ。ただし、引いたくじはもとに戻すものとする。

という例題を考えます。

　引いたくじをもとに戻すので、1回目の当たり外れは、2回目の結果に影響しません。よって、1回目が当たる確率は$\frac{3}{10}$、2回目が当たる確率も$\frac{3}{10}$。これを掛け算して、$\frac{3}{10} \times \frac{3}{10} = \frac{9}{100}$が2回とも当たりの確率ということになります。

　この例題では、くじを引くのは2回ですが、同じ条件のもとで独立な試行を何回も繰り返すことを考えてみます。これを**反復試行**といいます

　別の例題で説明してみましょう。

白玉が2個、赤玉が4個入っている袋から玉を1個取り出し、色を確認してからもとに戻す。この試行を6回続けて行うとき、白玉が5回出る確率を求めよ。

　全部で6回試行するわけですから枠を6つ用意し、白玉が出ることを〇、赤玉が出ることを×で表します。白玉が5個以上になるケースを図6-13のように描き出してみましょう。

　①は1～5回目が白玉、6回目に赤玉が出るケースです。6個の玉のうち白玉は2個、赤玉4個なのですから、各回で白玉が出る確率は$\frac{2}{6}=\frac{1}{3}$、赤玉が出る確率は$\frac{4}{6}=\frac{2}{3}$です。

　それぞれの試行は独立していますから、確率は次のように計算します。

$$\frac{1}{3}\times\frac{1}{3}\times\frac{1}{3}\times\frac{1}{3}\times\frac{1}{3}\times\frac{2}{3}=\left(\frac{1}{3}\right)^5\times\frac{2}{3}$$

　赤玉が出るのが5回目、4回目、3回目、2回目、1回目のケースも同様に考えてみると、それぞれの確率はやはり$\left(\frac{1}{3}\right)^5\times\frac{2}{3}$です。

　6通りの白玉5個、赤玉1個のケースがあるので、結局、この答えは、

$$6\times\left(\frac{1}{3}\right)^5\times\frac{2}{3}=\frac{4}{243}$$

ということになります。

【反復試行】

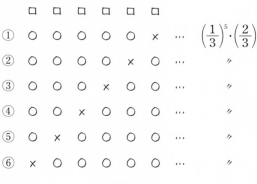

図6-13

　ここでは6通りのケースをすべて描き出してみましたが、6個ある試行の枠に、○が入るところを5個選ぶと考えれば、$_6C_5$ と計算することもできます。

　次は、プロ野球の日本シリーズを例に考えてみます。

　日本シリーズは全7戦、4勝を先に挙げた方が優勝です。AとBという実力の拮抗したチーム同士が戦い、第7戦でAが優勝する確率を求めてみましょう。

　第7戦まで試合がもつれ込むということは、第6戦までは3勝3敗ということです。

　枠を7つつくり、それぞれの枠には勝った方のチーム名を入れることにすると、6つ目の枠まではAとBが3個ずつ入ります。

　実力は拮抗しているのですから、A、Bどちらも勝つ確

率は$\frac{1}{2}$ということにします。第6戦まで戦って3勝3敗になるパターンが何通りあるかを求めるには6個の枠からAが入るところを3つ選ぶ場合の数を考えればよいでしょう。

結局、第6戦まで3勝3敗でいく確率は、${}_6C_3\left(\frac{1}{2}\right)^3\left(\frac{1}{2}\right)^3$です。これに第7戦でAが勝つ確率、$\frac{1}{2}$を掛ければ第7戦まで戦ってAが優勝する確率を求めることができます。

$${}_6C_3\left(\frac{1}{2}\right)^3\left(\frac{1}{2}\right)^3\times\frac{1}{2}=\frac{5}{32}$$

実社会で使うことの多い、条件付き確率

数学Aの確率には、以前は数学Cの範囲だった**条件付き確率**も含まれています。条件付き確率の例として、次のような問題を考えてみましょう。

ある製品の60%が第1工場、40%が第2工場でつくられています。第1工場では10%の割合で不良品が出て、第2工場では5%の割合で不良品が出るとしましょう（図6-14）。

一般にある事象Aが起きたという前提のもとに事象Bが起きる確率のことを「条件付き確率」といい、$P_A(B)$で表します。なお「事象」とは「確率が求められる事柄」のことです。

今、事象Aは第1工場の製品であるということ、事象Bは不良品であるということにします。

第1工場の製品だという条件のもとで不良品である確率

【条件付き確率】

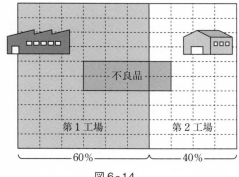

図6-14

は10%、第2工場の製品だという条件のもとで不良品である確率は5%ということを記号で書くと、次のようになります。

A：第1工場の製品である

B：不良品である

$$\begin{cases} P_A(B) = 10\% & \cdots\cdots① \\ P_{\overline{A}}(B) = 5\% & \cdots\cdots② \end{cases}$$

$$P(B) = P_A(B) + P_{\overline{A}}(B) \quad \cdots\cdots③$$

本書ではここまで確率の説明ではほとんど数学記号を使わないようにしていたのですが、条件付き確率では記号を使ったほうが簡単に問題を解くことができます。Pというのは、確率を表す"probability"の頭文字です。

①の式は、事象Aが起きたという前提でBが起きる確率。工場の例でいえば、第1工場の製品であって、不良品である確率です。

$\overline{A}$ は事象 A ではない、つまり第 1 工場の製品ではない、という意味なので、②式は第 2 工場の製品であるという条件のもとでの、不良品である確率を表しています。

では、全体で不良品が出る確率はどう考えればよいでしょうか。

不良品であるケースは、今回の場合、2 通りが考えられます。第 1 工場の製品であって不良品であるケースと、第 2 工場の製品であって不良品であるケースです。両者を足せば、不良品になる確率、すなわち $P(B)$ が求まります（③の式）。

条件付き確率についての最も重要な定理が、次の**確率の乗法定理**です。

【確率の乗法定理】
$$P(A \cap B) = P(A) \cdot P_A(B)$$

式の左辺に登場する「∩」は「共通部分」を表す記号でしたね。すなわち $P(A \cap B)$ は、A と B の両方がともに起きる確率を意味します。右辺は、A が起きる確率に、A が起きたという前提のもとに B が起きる確率を掛けたものです。

この定理が正しいことを確認していきましょう。

図 6-15 の x、y、z、w はそれぞれの領域の場合の数を表します。

多くの人は、A かつ B の確率 $P(A \cap B)$ と、A が起きるという前提のもとに B が起きる確率 $P_A(B)$ を混同してし

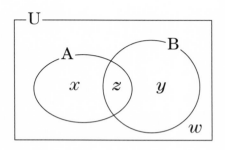

図6-15

まうので注意してください。

　AかつBの確率$P(A \cap B)$は、$\dfrac{z}{\text{全事象}}$です。

　一方のAが起きるという前提のもとにBが起きる確率$P_A(B)$は、分子は同じzですが、分母は事象Aの場合の数$(x+z)$になります。

$$\begin{cases} P(A \cap B) = \dfrac{z}{x+y+z+w} \\ P_A(B) = \dfrac{z}{x+z} \end{cases}$$

$$P(A) = \dfrac{x+z}{x+y+z+w}$$

　2つの確率は、文章にすると似ているように思えますが、分母が違いますからまったく異なる確率を示していることがわかります。

　ちなみにAが起きる確率$P(A)$は、全体の中で事象A

が起きる確率ですから、分母は全事象（$x+y+z+w$）、分子は $x+z$ です。

上の3つの式を使うと、

$$P(A)P_A(B) = \frac{x+z}{x+y+z+w} \times \frac{z}{x+z}$$

$$= \frac{z}{x+y+z+w} = P(A \cap B)$$

となり、確率の乗法定理が成り立つことがわかります。

条件付き確率は、直観に反した結論になることが多い

条件付き確率の面白いところは、結論が直観に反したものになることが多いということです。

試しに次のような問題を考えてみましょう。

99% 確かな検査で、1万人に1人の不治の病であると診断されたとき、真に陽性である確率を求めよ。

99% 確かな検査で不治の病だといわれてしまったら、絶望してしまう人も多いのではないでしょうか。しかし、実はこのような検査結果になったとしてもまったく絶望する必要はありません。

図6-16 で示してみましょう。

《99％確かな検査で、1万人に1人の不治の病であると診断されたとき》

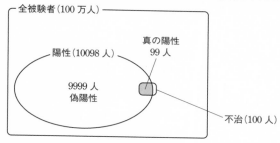

不治の病の人＝$1,000,000 \times \dfrac{1}{10,000} = 100$［人］

不治の病ではない人＝$1,000,000 \times \dfrac{9999}{10,000} = 999,900$［人］

不治の病でかつ検査陽性（真の陽性）の人＝$100 \times \dfrac{99}{100} = 99$［人］

不治の病ではなくかつ検査陽性（偽陽性）の人＝$999,900 \times \dfrac{1}{100} = 9999$［人］

陽性（真の陽性＋偽陽性）の人＝$99 + 9999 = 10,098$［人］

検査に陽性であるいう条件のもとに真の陽性である確率＝$\dfrac{99}{10098} = 0.00980\cdots$

図6-16

　全被験者が100万人だとします。このうち、実際に不治
の病になっている人は、1万人に1人ですから100人です。
逆に、不治の病ではない人は99万9900人もいることにな
ります。

　検査は99％確かなので、本当に病にかかっている人の
うち99人が陽性だといわれます。

　一方、本当は病気ではないのに検査では陽性だといわれ
る——いわゆる偽陽性——は、どれだけいるのでしょうか。

　本当は不治の病でない99万9900人のうち、1％の人、
つまり9999人も陽性だといわれてしまいます。

つまり、この検査で陽性になる人は、本当の病になっている 99 人と、偽陽性の 9999 人を合わせて、1 万 98 人です。

1 万 98 人の中で本当に陽性の人はわずか 99 人、その確率は 0.98％ぐらいしかありません。慌てずに、精密検査を受けた方がいいでしょう。

新型コロナウイルスのパンデミックでは、PCR 検査の実施をめぐって大きな混乱が起きました。これも条件付き確率で考えれば、闇雲に検査数を増やせばいいというわけではないことがわかります。

なお、先ほどの例では、1 万人に 1 人の不治の病としましたが、これを「100 人に 1 人」に変えると結果は大きく変わってきます。この場合、陽性と診断されて、なおかつ本当に病である確率は 50％ に跳ね上がることになります。

原因の確率

条件付き確率の応用として、いわゆる「**原因の確率**」の求め方を紹介しておきましょう。

ある製品を製造する工場 A、B があり、A の製品には 3％、B の製品には 4％ の不良品が含まれている。A の製品と B の製品を、4 : 5 の割合で混ぜた大量の製品の中から 1 個を取り出すとき、次の確率を求めよ。

(1) それが不良品である確率

(2) 不良品であったときに、それが A の製品である確率

条件付き確率を攻略する 1 つのコツは、図と記号をしっかり使っていくことです。

　A の製品であるという事象を A、B の製品であるという事象を B、不良品であるという事象を E というように、事象に名前を付けることで確率の乗法定理も適用しやすくなります。

　事象 A の確率 $P(A) = \dfrac{4}{9}$、事象 B の確率 $P(B) = \dfrac{5}{9}$、A でつくられたという前提のもとで不良品である確率 $P_A(E) = \dfrac{3}{100}$、B でつくられたという前提のもとで不良品である確率は $P_B(E) = \dfrac{4}{100}$ と表せます。

　(1)の問題に関しては、それほど迷うことはないと思います。不良品には、A 工場由来のものと B 工場由来のものがありますから、確率の乗法定理を適用していけば、

$$P(E) = P(A \cap E) + P(B \cap E)$$
$$= P(A)P_A(E) + P(B)P_B(E)$$
$$= \frac{4}{9} \times \frac{3}{100} + \frac{5}{9} \times \frac{4}{100}$$
$$= \frac{8}{225}$$

面白いのは(2)の方です。

　不良品であったときにそれが A の製品である確率は、確率の乗法定理を適用して、$P(E \cap A) = P(E)P_E(A)$ と表せます。この式を変形してみましょう。

$$P(E \cap A) = P(E)P_E(A)$$

$$\Rightarrow \quad P_E(A) = \frac{P(E \cap A)}{P(E)}$$

$$= \frac{P(A \cap E)}{P(E)}$$

$$= \frac{P(A)P_A(E)}{P(E)}$$

$$= \frac{\dfrac{4}{9} \times \dfrac{3}{100}}{\dfrac{8}{225}} = \frac{3}{8}$$

　この式変形でのポイントは、途中 $\dfrac{P(E \cap A)}{P(E)}$ を $\dfrac{P(A \cap E)}{P(E)}$ に変えたところでしょう。時系列で考えたら、A工場でつくられてから不良品になるわけですから、$P(E \cap A)$ ではなく、$P(A \cap E)$ と書くべきだという気がするでしょう。ですから、$P(E \cap A)$ を $P(A \cap E)$ に置き換えました。そんなことを勝手にやっていいのかと思われるかもしれませんが、この∩という記号には、時系列的な概念は入っていないため、$P(E \cap A)$ と $P(A \cap E)$ はまったく同じことなのです。

　こうやってAとEの順番を入れ替えたことで、改めて乗法定理が使えるようになり、不良品であるという前提のもとにそれがA工場の製品である確率、すなわち $P_E(A)$ が求まるわけです。

　このアイデアを思い付いたのは、「ベイズ統計」で有名な、イギリスの牧師でもあったトーマス・ベイズです。このような発想の転換によって、結果から何が原因であるかを探ることができると考えたのです。

教科書ではこの部分をさらっと流していますが、確率の乗法定理では時系列を問わず、順序を入れ替えて計算できることに気づいたのは画期的でした。

　最後に、(2)で行った計算の内容を図でも表しておきましょう(図6-17)。

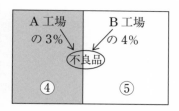

図6-17

第 7 章

哲学は幾何学から
始まった

図 形 の 性 質

図形の性質を学ぶ意義とは？

　数学Ａの「図形の性質」では、三角形や四角形、空間図形の性質について学びます。図形の性質を学ぶことでどんな便益があるのでしょうか。

　はっきりいってしまうと、社会に出てから図形の性質を用いることはほとんどありません。皆無といってもいいでしょう。ならば、なぜ私たちは「図形の性質」を学ぶのか、学ぶべきなのか。

　その理由は、数学の歴史が教えてくれます。

数学の歴史

　数学の歴史がどこから始まったのかについては諸説あります。先史時代の洞窟壁画に円や三角形の幾何学模様が残っていたことは、当時の人びとにも数学的思考があった証拠だと考えることもできます。

　ただ、はっきり数学が始まったといえるのは、第4章にも登場した紀元前6世紀の哲学者タレスからでしょう。タレスは何か1つのことを証明し、その証明した事柄を使って別のより深いことを証明する、つまり今でいう論証数学を創始しました。そう考えると数学の歴史は少なく見積もっても2700年くらいあるということになりますね。

　タレスから約半世紀後に登場したピタゴラスは、三平方の定理などの幾何学を研究し、数学史において大きな足跡を残しました。ピタゴラスの弟子達がつくったピタゴラス

学派は、現代の私たちが学んでいる幾何学の内容のほとんどを当時すでに証明していました。

　ピタゴラスから1世紀半後、哲学者のプラトンはアテネの郊外に史上初の哲学学校を創立した際、その門に「幾何学を知らぬ者、くぐるべからず」と掲げたそうです。私たちからすると、方程式や関数はどこへいったといいたくなりますが、方程式や関数が今の形になったのはもっとずっと後、16、17世紀の話。古代ギリシャにおいて、論証して何かを考えることはほとんどが幾何学（一部整数論もありましたが）をベースにしていたのです。つまりプラトンは「幾何学を通して論理的思考力を磨いた者でないと哲学を学ぶ資格がない」といいたかったのでしょう。

　日本の数学教育において初めて「証明」を学ぶのは中学2年で登場する「図形の合同」の単元です。図形の性質や定理は直観的でわかりやすいものが多く、そうしたものを積み重ねて証明のイロハを学ぶのは理にかなっているだけでなく、数学の伝統にも則っています。そしてこれこそが私たちが図形の性質（幾何学）を学ぶ最大の理由なのです。

2000年以上読み継がれている『原論』

　プラトンからさらに1世紀ほど後に登場したのが、ユークリッドです。彼の書いた『原論』は、聖書に次ぐ大ベストセラーになったともいわれています。実際ヨーロッパでは20世紀初頭くらいまで、現役の数学の教科書として使われていたほどです。

『原論』は、タレス、ピタゴラスから始まった古代ギリシャでの数学をまとめたものです。なぜ『原論』が2000年以上も読み継がれたのかといえば、論理的であるとはどういうことかが、幾何学を通してしっかり述べられていたからです。論理を学ぶ上で『原論』に書いてあること以上は必要ないし、そこから何も省くことができない、まさに原典といえる書物なのですね。

『原論』によれば、論理的であることの基礎は、**定義**、**公準**、**公理**にあるとされています。

『原論』における論理の基礎

・定義

・公準 ┐
      ├ 公理
・公理 ┘

図 7-01

言葉の意味を定める「定義」についての約束は、何か新しい概念が登場したら、それがどういうことかを明白にするということ。これは当たり前だと思うかもしれませんが、『原論』が面白いのは、それ以上明白にいいようがない用語については無理に定義しなくていいとも書いていることでしょう。たとえば、右や左といった言葉をきちんと定義しようとすると、すぐ面倒な問題に直面することになります。

国語辞典で「右」と調べても、

・東に向いたとき南にあたる方。大部分の人が、食事のとき箸を持つ側。右方。（デジタル大辞泉）

・正面を南に向けたときの西側にあたる側。人体を座標軸にしていう。人体で通常、心臓のある方と反対の側。また、東西に二分したときの西方。（精選版日本国語大辞典）

・アナログ時計の文字盤に向かった時に、一時から五時までの表示のある側。（新明解国語辞典　第八版）

　と、どの辞書も苦労のあとがうかがえます。このように誰にでもわかるようなことを改めてしっかり定義しようとするとかえって難しくなるから、間違えようがない用語については無理に定義しなくてもいいですよと、『原論』はいっているわけです。もちろん、少しでも不明なことがある用語は必ず定義をする、用語の定義に用いる言葉は必ず明白な言葉に限る、ということも『原論』には書かれています。

　2番目の「公準」は後で説明するとして、3番目の「公理」とは何でしょう。

　論理的に物事を示そうとしたら、すでに正しいことが示された事柄を前提として、次の事柄を示す、そうやって正しい事柄を積み重ねていかないと意味がありません。しかし、ある事柄について述べようとするとき、それが前提としている事柄が正しいかを証明して、さらにそれが前提としている事柄……と、いくらでもさかのぼれてしまいます。そんなことをしていたら、何事についても語れなくなってしまいますから、本末転倒ですね。

そこで『原論』では、議論の出発点となる基本的な事柄については証明なしで使えるようにしましょうとしました。それが「公理」です。

　先に飛ばした「公準」という言葉は現代ではあまり使われていません。『原論』では「正しいことにしてください」という、いわば「お願い」あるいは「要請」のニュアンスが強い用語が「公準」。「誰の目にも明らかだから正しいということにしましょう」というのが「公理」と使い分けていますが、現代では公理と公準をまとめて公理と呼んでいます。

『原論』の5つの公準

　『原論』で述べている公準(現代では公理)にはどのようなものがあるかというと、たったの5つだけです。

〈公準　原論第1巻より〉

公準1：任意の点から任意の点へ直線を引くこと

公準2：有限直線を連続して一直線に延長すること

公準3：任意の点と距離(半径)とをもって円を描くこと

公準4：すべての直角は互いに等しいこと

公準5：1本の直線が2本の直線と交わり、同じ側の内角の和が2直角(180°)より小さいならば、その2直線が限りなく延長されたとき、内角の和が2直角より小さい側で交わる

公準1〜3で述べているのは、定規とコンパスで図形を作図する際のルールです。点から点に線を引くときには定規を当ててピッと引いてね、線分があったらそれに定規を合わせて延長するとか、円を描くときはコンパスを使って中心から一定の距離を保つようにとか、そういうことをいっているわけです。

公準4の「すべての直角は互いに等しいこと」にしましょうというのも、納得できることだと思います。

ところが、公準5はいきなり複雑になります。文章ではわかりにくいので、図にしておきましょう（図7-02）。

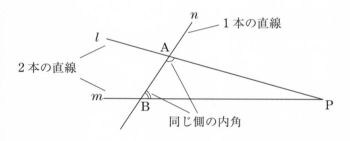

内角の和が2直角より小さい側

図7-02

要するに、公準5がいっているのは「**平行な2直線はどこまで行っても交わらない**」ということですね。

公準5は公準1〜4とは毛色が異なっており、はたしてこれを自明な公理にしてもよいのか、別の事柄を使って「証明」すべきなのではないかと、多くの数学者が考えました。

しかし、この公準5（平行線公準ともいわれます）を定義や他の公理から証明しようとしても、必ず堂々巡りになってしまうのです。平行線公準を公準にすべきだと考えたユークリッドの慧眼には驚かされます。

　現代人にとって、『原論』はかなり読みづらい本であるのは確かです。当たり前に感じられることが回りくどく延々と書いてあるため、退屈する人の方が多いでしょう。古代エジプトのプトレマイオス1世も、「幾何学を学ぶのに『原論』よりも近道はないか？」と訊いて、ユークリッドに「幾何学に王道なし」と叱られたくらいですから。

　たとえば、定義については一部を抜粋しただけでも、次のようなものが載っています。

〈定義（抜粋）〉

定義1：点とは部分を持たないものである

定義2：線とは幅のない長さである

定義5：面とは長さと幅のみを持つものである

定義13：境界とはあるものの端である

定義15：円とは1つの線に囲まれた平面図形で、その図形の内部にある1点からそれへ引かれたすべての線分が互いに等しいものである

定義23：平行線とは同一の平面上にあって、両方向に限りなく延長しても、いずれの方向においても互いに交わらない直線である

定義 23 は平行線公準とちょっと被っていますね。

（公準以外の）公理にはどんなものがあるでしょうか。

〈公理　原論第 1 巻より〉

公理 1：同じものに等しいものはまた互いに等しい

公理 2：等しいものに等しいものが加えられれば全体は等しい

公理 3：等しいものから等しいものが引かれれば、残りは等しい

公理 4：互いに重なり合うものは互いに等しい

公理 5：全体は部分より大きい

　公理 1 でいっているのは、$A＝C$、$B＝C$ なら $A＝B$ だということ。公理 2 は、$A＝B$ なら $A＋C＝B＋C$ という等式についての性質ですね。公理 3 は、公理 2 の引き算バージョンです。公理 4 は、図形の合同について述べています。

　数学 A では、たくさんの図形の性質が登場します。けれど、それらの性質 1 つ 1 つを丸暗記するのでは意味がありません。きちんと論証数学の作法に則り、なぜそういえるのかを示す練習をすることこそが重要なのです。これは高校数学すべてに当てはまることではありますが、数学 A の図形の性質は特にその意味合いが強いです。

　また図形の性質は、数学的、論理的な「正しさ」とは何かを学ぶための絶好の教材でもあります。

　公理は疑う必要のないもの。逆にいえば公理がいくら間違っていても、その公理からスタートした議論が数学的に

正しければ、その結論自体は数学的には正しいといえます。

　先ほど平行線公準について説明しましたが、平行線公準が成立しない世界もありえます。ユークリッド幾何学は2次元平面を前提とした幾何学ですが、球面上の幾何学では平行線は交わることがあります。平行線公準を否定することから、非ユークリッド幾何学は生まれました。非ユークリッド幾何学を使って出した結論を、そのまま平面のユークリッド幾何学に持ち込むと公理に反しますから間違いということになりますが、公理が違う世界なら、それはそれで正しいのです。

　数学的に正しいといった場合、公理の真偽を問うているわけではありません。公理からスタートしたその後の議論が数学的に正しければ、それは正しい結論となります。その公理が正しいかどうかはまた別問題なのです。

　今でも欧米のインテリ層は『原論』に親しんでいるそうですが、そうした文化的慣習が欧米の合理主義的な感覚につながっているように思われます。

チェバの定理

　そういうわけで図形の性質を学ぶ意義はとても大きいのですが、紙幅の関係もありますから、本書では代表的な定理をいくつか取り上げて解説することにします。

　1つ目は、チェバの定理。この定理を証明してみましょう（図 7-03）。

　ただし、チェバの定理の証明には別の定理が必要です。

【チェバの定理】

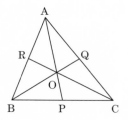

　△ABC の頂点 A、B、C と、三角形の内部の
点 O を結ぶ直線 AO、BO、CO が、辺 BC、CA、
AB と、それぞれ点 P、Q、R で交わるとき

$$\frac{BP}{PC} \times \frac{CQ}{QA} \times \frac{AR}{RB} = 1$$

図 7-03

　数学では、ある命題を証明するとき、証明の途中に利用す
る別の定理をその証明のための**補助定理**、あるいは**補題**と
いいます。

　なお、こうした証明を学ぶ際、自分の頭で補題が必要で
あることに気づける必要はありません。それよりも、過去
の偉人の発想を味わい、「うまいこと考えるなあ」と感動
できる心を育てることが肝腎です。その感動の 1 つ 1 つが
「数学的でありたい」と願う気持ちにつながります。ちな
みに、この定理を証明したジョバンニ・チェバは 17 世紀
のイタリアの数学者です。

　図 7-04 のように、辺 OA を共有する △OAB、△OCA
があるとき、これら三角形の面積の比を考えてみましょう。

　直線 AO と線分 BC の交点を P とし、2 点 B、C から直

【チェバの定理の補題】

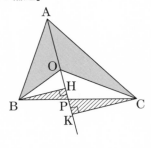

図 7-04

線 AO に下ろした垂線をそれぞれ BH、CK とします。これで △PHB、△PKC という小さな直角三角形が 2 つできました。

　△OAB と △OCA は底辺 AO を共有しているので、面積の比は高さの比と等しくなります。よって、

$$\frac{\triangle \text{OAB}}{\triangle \text{OCA}} = \frac{\text{BH}}{\text{CK}}$$

といえます。

　また、△PHB、△PKC の角の 1 つは直角ですし、∠BPH と ∠CPK も対頂角で等しい。つまり、△PHB、△PKC は相似です。これより、

$$\frac{\text{BH}}{\text{CK}} = \frac{\text{BP}}{\text{PC}}$$

であることもわかります。

　つまり、

$$\frac{\triangle \text{OAB}}{\triangle \text{OCA}} = \frac{\text{BP}}{\text{PC}}$$

も成り立つわけです。

《チェバの定理の証明》

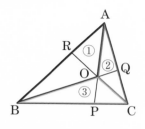

$$左 = \frac{BP}{PC} \times \frac{CQ}{QA} \times \frac{AR}{RB}$$

$$= \frac{①}{②} \times \frac{③}{①} \times \frac{②}{③} = 1$$

①は △OAB
②は △OCA
③は △OBC

図 7-05

　この補題を使って、チェバの定理を証明していきます(図7-05)。

　△ABC の各頂点 A、B、C から対辺に引いた 3 本の線分が内部の点 O で交わるようにします。直線 AO、BO、CO と、辺 BC、CA、AB との交点はそれぞれ P、Q、R です。

　これで 3 つの三角形、△OAB、△OCA、△OBC ができました。

　チェバの定理の左辺は、

$$\frac{BP}{PC} \times \frac{CQ}{QA} \times \frac{AR}{RB}$$

でした。

　補題から、

$$\frac{BP}{PC} = \frac{\triangle OAB}{\triangle OCA}$$

です。

　同様に考えると、

$$\frac{CQ}{QA} = \frac{\triangle OBC}{\triangle OAB}$$

$$\frac{AR}{RB} = \frac{\triangle OCA}{\triangle OBC}$$

といえます。よって、

$$\frac{BP}{PC} \times \frac{CQ}{QA} \times \frac{AR}{RB} = \frac{\triangle OAB}{\triangle OCA} \times \frac{\triangle OBC}{\triangle OAB} \times \frac{\triangle OCA}{\triangle OBC} = 1$$

となります。

数学の美とは

　幾何学を学ぶ意義は、論理的な考え方を身につけることにあると先に述べました。実をいうと、私はもう１つ幾何学を学ぶ意義があると思っています。それは、**数学の美しさ**を感じるということ。

　美しさという主観的な言葉は、数学には似つかわしくないと思われるかもしれません。では、この美しさとはどのようなものでしょう。

┌─ 数学の美しさ ─┐
・対称性
・合理性
・意外性
・簡潔さ
└──────────┘

図 7-06

私が考える数学の美しさは、図7-06の4つからなります。

　『広辞苑』第七版によれば、「美」の語義の1つとして「**知覚・感覚・情感を刺激して内的快感をひきおこすもの**」と挙げられています。

　先ほどの4つの美しさの中では、対称性が一番わかりやすいかもしれません。対称性、いわゆるシンメトリーを図形の中に見つけると、単純に綺麗だな（整っているな）と思いませんか。こういう対称性は、対称式や相反方程式といった数式の中にも見つかります。

　美しさの中に合理性が入っていることを不思議に思う人もいるでしょう。合理的に導かれた結論はどういう筋道を通って導かれても、いつも同じになります。私にはそれがすごく気持ち良いことに感じられるんですね。合理的でありさえすれば、自由に考えていい。私にとっての合理的であるとは、そういう内的快感を引き起こすものです。三平方の定理など100通り以上も証明方法があるといわれていますが、プロセスさえ正しければ、方法はどうであれ必ず正しい結論にたどりつく。それがとても気持ち良いのです。

　意外性というのは、チェバの定理にも潜んでいました。すべての三角形について、三角形を一周するように線分の長さを掛け合わせると、最終的に1になるというのは何だか不思議な気がしませんか。

　そして、最後の簡潔さ。チェバの定理でも1というこれ以上ない簡潔な数字が出てきました。

　数学を含めた自然科学分野で研究している人たちは「こ

の世の真理はすごくシンプルなはず」と考えていると思います。たとえば、物理分野でいうなら、統一理論という言葉を聞いたことはないでしょうか。これは自然界に存在する重力、電磁気力、弱い力、強い力という4つの力（弱い力と強い力は素粒子物理学に登場する力です）を、1つの力で説明しようという理論です。電磁気力と弱い力は統一的に説明できるようになりましたが、強い力、重力についてはまだこれからです。けれど、万物を1つの力で説明する超大統一理論は、物理学者にとって究極の夢でしょう。物理以外の分野でも、あらゆる事柄を統一的に説明できる理論はきっとある、見つかっていないのは人類が未熟だから。そんな感覚は、研究者なら誰でも持っているはずです。

　数学に限らず多くの科学者が研究に没頭するのは、そこに美しさがあるからだと私は思います。人類の誇る偉大な知性を惹きつけてきた魅力はこれ以外に考えられません。数学者のチェバにしても、何かの役に立てようと思ってチェバの定理を発見したわけではないでしょう。面白がって色々と試しているうちに、一般化できるのではないかと考えるようになり、定理になっていく。数学、特に幾何学の定理というのは、ほとんどそうやって発見されています。

メネラウスの定理

　次に紹介するのは、チェバの定理と最終的に同じ式になる、メネラウスの定理です。この定理を証明したメネラウスは古代ギリシャの数学者ですが、メネラウスの定理の事

実そのものはメネラウス以前に知られていた可能性が指摘されています。また、その後埋もれてしまったこの定理を再発見したのは、チェバです（図7-07）。

【メネラウスの定理】

P が辺 BC の延長上にあるとき

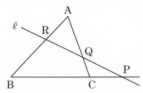

△ABC の辺 BC、CA、AB またはその延長が、三角形の頂点を通らない1つの直線 ℓ と、それぞれ点 P、Q、R で交わるとき

$$\frac{BP}{PC}\times\frac{CQ}{QA}\times\frac{AR}{RB}=1$$

図7-07

　メネラウスの定理の証明においてポイントとなるのは、1つの線分上に同じ比を集めてくるということ、そのために補助線を上手に引くということです。

　幾何学が苦手な人は、問題用紙が真っ黒になるほど余計な補助線を引きがちです。けれど、**補助線を引くのはあくまで情報を増やすため**。与えられた図形だけでは情報が足りないからこそ、戦略的に補助線を引いて情報を増やす必要があるのです。

　では、情報を増やす補助線とはどのようなものでしょう

か。

　それは、すでにある線に対する**平行線**と**垂線**です。

　平行線を引くことによって、同位角や錯角が登場したり、相似な図形が見つかったり、これから紹介するように等しい比の関係が出てきたりします。一方、垂線を引くことで、三平方の定理が使えるようになったり、面積を出すのに応用できたりもします。

《メネラウスの定理の証明》

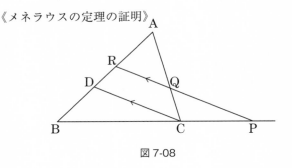

図7-08

　今回の証明では、まずPRに平行な補助線を引き、辺ABとの交点をDとしておきましょう。補助線を引くことで、すべての比を線分AB上に持ってくることができます（図7-08）。

　平行線を引いたおかげで、$\dfrac{BP}{PC}$ は $\dfrac{BR}{RD}$ に等しいことがわかります。同様に、$\dfrac{CQ}{QA}$ も、$\dfrac{DR}{RA}$ に等しくなります。

　この関係を元の左辺に代入すると、

$$\frac{BP}{PC} \times \frac{CQ}{QA} \times \frac{AR}{RB} = \frac{BR}{RD} \times \frac{DR}{RA} \times \frac{AR}{RB} = 1$$

となることがわかります。

奥の深い「三角形の辺と角」の関係

数学 A の教科書では、三角形の辺と角の大小関係について次のように述べられています（図 7-09）。

《三角形の辺と角の大小関係》

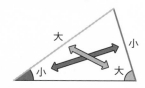

1 つの三角形において
(1) 大きい辺に向かい合う角は、小さい辺に
　　向かい合う角より大きい
(2) 大きい角に向かい合う辺は、小さい角に
　　向かい合う辺より大きい

図 7-09

どちらも一見、当たり前のことをいっている印象を受けます。

実際、(1)の「大きい辺に向かい合う角は、小さい辺に向かい合う角より大きい」の証明はそんなに難しくはありません。

図 7-10 のように線分 AB 上に、AD＝AC となる点 D を取ります。△ADC は二等辺三角形なので、∠ADC＝∠ACD

です。

さらに、∠C＝∠ACD＋∠DCB なので、∠C＞∠ACD。

∠ADC＝∠ACD でしたから、

∠C＞∠ADC。…①

∠ADC＝∠B＋∠DCB なので、

∠ADC＞∠B。…②

①、②より、∠C＞∠B となります。

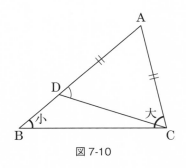

図7-10

（1）が比較的簡単に証明できたので、逆である（2）「大き
い角に向かい合う辺は、小さい角に向かい合う辺より大き
い」の証明も難しくないだろうと思うかもしれません。と
ころが、教科書でも、（2）に関しては「逆も成り立つこと
が知られている」と流していて、証明は書いてありません。

どうすれば、（2）を証明することができるのでしょうか。

図7-11 では、∠C が∠B より大きくなっています。こ
の∠C＞∠B という仮定からスタートして、そのときに
AB＞AC であることを示していきたいと思います。

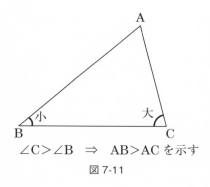

∠C>∠B　⇒　AB>AC を示す

図7-11

背理法の発展形、転換法

　ここでは**転換法**と呼ばれる方法を使います。第2章では背理法を紹介しましたが、転換法はその発展形になります。

　△ABC の AB と AC の関係については図7-12のような3つのパターンがありえます。

　これ以外のパターンはありえませんね。

　今、私たちは、∠C>∠B ならば、① AB>AC であることを示そうとしているのですが、これを直接示すのは難しい。そこで、② AB=AC と③ AB<AC のパターンを仮定してそれぞれ矛盾を導くことにします(図7-13)。

　まず、②ですが、AB=AC であれば二等辺三角形ですから、∠C=∠B となって矛盾します。

　③ AB<AC についてはどうでしょう。すでに、(1)で長い辺と短い辺の関係があったとき、長い辺の対角のほうが大きいことは証明済です。つまり、∠C<∠B となってしまいますからやはり矛盾します。

ABとACの関係には、次の3つがある

① AB＞AC

② AB＝AC

③ AB＜AC

図7-12

② AB＝ACとすると

$$\angle C = \angle B \qquad \text{矛盾}$$

③ AB＜ACとすると

(1)の大きい辺に向かい合う角は、

小さい辺に向かい合う角より

$$\angle C < \angle B \qquad \text{矛盾}$$

$$\therefore AB > AC$$

図7-13

　①、②、③以外の可能性は存在せず、②と③の可能性が潰されたわけですから、①が正しいということになります。

　幾何学において転換法はなかなか重宝する証明法なのですが、現在の数学Aの範囲では教えないことになっているようです。ただ、すべての可能性を網羅した上で、証明したいケース以外の可能性を潰すという思考法は覚えておいて損はありません。

　実社会においても、当たり前に見えて証明するのが難しい案件はよくあるものです。そうしたときに転換法が役に立つこともあるでしょう。

「美しい」円の定理である接弦定理

　古代ギリシャでは円は「最も美しい図形」だといわれていましたが、それは単に円がシンメトリー（線対称であり、点対称でもある）だからというだけではないと思います。円については様々な定理が知られていて、難解な図形問題が、円の存在によって一気に解決するというケースは少なくありません。円はそういう「内的快感」をもたらしてくれる「美しい」図形なのです。

　ここではその多くの定理の中から「接弦定理」と「方べきの定理」を紹介します。

【接弦定理】

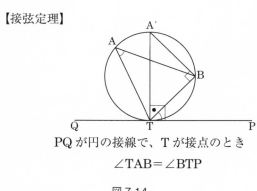

PQ が円の接線で、T が接点のとき

$$\angle TAB = \angle BTP$$

図 7-14

　証明には、まず円周角の定理を使います。なお、図7-14でA′Tは直径です。

　円周角の定理より

$$\angle TAB = \angle TA'B \quad \cdots\cdots①$$

また、直径に対する円周角は直角なので、∠A′BT は直角です。よって

△A′BT に注目すると

$$∠TA′B + ∠A′TB = 90° \quad ……②$$

さらに直径と接線は垂直に交わるので、

$$∠A′TP = ∠BTP + ∠A′TB = 90° \quad ……③$$

②と③から、$∠TA′B = ∠BTP$ ……④

結局、①と④から、$∠TAB = ∠BTP$ を得ます。

そう難しい証明ではないのですが、意外と頭がこんがらがってしまう人が多いようです。

「A＝C、B＝C ならば A＝B」や「D＋F＝E＋F ならば D＝E」という『原論』の公理①や公理③が使われていることにも注目してみてください。

方べきの定理

円の「美しさ」の１つとして、**方べきの定理**も紹介しておきましょう。方べきの定理には全部で３パターンがあります。

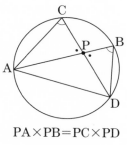

$$PA \times PB = PC \times PD$$

図 7-15

　図 7-15 のような最初のパターン、2 つの弦の交点 P が
円内にある場合については、円周角の定理から∠ACD＝
∠ABD、対頂角から∠CPA＝∠BPD となり、△APC と
△DPB は相似です。よって、PA×PB＝PC×PD が成り
立ちます。

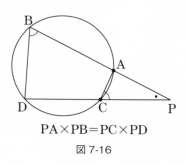

$$PA \times PB = PC \times PD$$

図 7-16

　交点 P が円の外部に来るケース（図 7-16）では、AC を
結んで四角形 ABDC をつくってあげましょう。円に内接
する四角形の性質から、∠ABD＝∠ACP。∠P は共通な

ので △CPA と △BPD は相似になります。これを用いて、やはり PA×PB＝PC×PD が示せます。

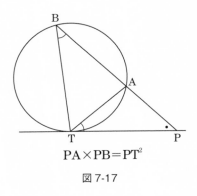

$$PA×PB＝PT^2$$

図 7-17

　最後の 3 つ目のパターン（図 7-17）は、実は 2 つ目のパターンから類推できるようになっています。図 7-16 で点 C と点 D がどんどん近づいて一致して接点になったケースが図 7-17 だと思って下さい。こうしてできた接点を T としましょう。2 つ目のパターンからして、PT×PT だから PT^2 になるだろうと想像できますし、実際そうなります。

　証明ですが、点 A と点 T を結び三角形 △ATP をつくります。接弦定理から ∠PBT＝∠ATP。∠P は共通ということで、△PTA と △PBT は相似です。よって、PA×PB＝PT^2 が成り立ちます。

　方べきの定理の 3 パターンに取り組むと、これまで勉強した幾何の定理が復習できます。

正多面体が成り立つ条件

第4章の「図形と計量」に続き、数学Aの「図形の性質」にも空間図形が登場します。ふだんから空間図形に慣れ親しむのが理解の早道というのは、第4章で述べたとおりですが、正多面体に関する意外な事実がなかなか面白いので紹介しましょう。

実はこの世には、**正多面体は図7-18に示した5種類しか存在しません**。なお、正多面体というのはすべての面が同じ正多角形で、かつ1つの頂点に集まる平面の数が等しい凸多面体のことをいいます。

まず、多面体ができ上がる条件から考えてみると、2つの条件があることがわかります。1つは、1つの頂点に集まる平面は3つ以上ということ。平面が2つだとどう頑張っても空間を囲むことができません。もう1つの条件は、1つの頂点に集まる内角の和は360°未満であること。360°

正四面体

正六面体（立方体）

正八面体

正十二面体

正二十面体

図7-18

になると平らな面になってしまいますから、やはり空間を囲めません。この2つの条件を元に考えてみたいと思います（図7-19）。

この後は、1つの頂点に集まる平面の数をnとします。

まずは、1つの面が正三角形の場合です。

正三角形のとき、nはいくつまでいけるでしょうか。先に挙げたように、nは3以上という条件があります。

正三角形の1つの角は60°ですから、60°×nが360°未満に収まっていなければなりません。となると、nは3以上6未満。nは整数ですから、3、4、5のいずれかになります（図7-20）。

先の正多面体の図を見ていただくと、nが3のときは正四面体、4のときは正八面体、5のときは正二十面体であることがわかります。

今度は、正多面体の1つの面が正方形の場合。先ほどと同様、nは3以上です。正方形の1つの角は90°ですから、90°×nが360°未満でなければならず、となるとnは4未満です。この場合、nは3以上4未満なので、3しかありません（図7-21）。

1つの面が正方形の場合に、1つの頂点に集まることができる平面は3つしかなく、それが正六面体（立方体）にな

多面体ができあがる条件
1）1つの頂点に集まる平面は3つ以上
2）1つの頂点に集まる内角の和は360°未満

図7-19

ります。

　それでは、1つの面が正五角形のときはどうでしょう。
正五角形の場合、1つの角は108°ですから、同様に考えて
n は3以上であり、108°×n が360°未満。この条件を満
たす n はやはり3しかありません（図7-22）。それが正十
二面体です。

《1つの面が正三角形のとき》
$$60°n < 360°$$
$$\Rightarrow \quad n < 6$$
$$3 \leqq n < 6$$
$$\therefore \quad n = 3、4、5$$
図7-20

《1つの面が正方形のとき》
$$90°n < 360°$$
$$\Rightarrow \quad n < 4$$
$$3 \leqq n < 4$$
$$\therefore \quad n = 3$$
図7-21

《1つの面が正五角形のとき》
$$108°n < 360°$$
$$\Rightarrow \quad n < \frac{10}{3}$$
$$\Rightarrow 3 \leqq n < \frac{10}{3}$$
$$\therefore \quad n = 3$$
図7-22

1つの面が正六角形のときは、正六角形の1つの角が120°ですから、3つ集まっただけで360°になってしまいます。もうその条件を満たす n は存在しません。さらに、1つの面が正七角形、正八角形となると、1つの角の3倍が360°を超えるので不適です。

　そういうわけでこの世界には、正多面体が5種類しか存在しないのです。

オイラーの多面体定理

　多面体の関係でもう1つ紹介しておきたい面白い定理があります。それが**オイラーの多面体定理**です。

$$v - e + f = 2$$

v は頂点の vertex、e は辺の edge、f は面の face です。正多面体に限らず、すべての多面体について、頂点の数と辺の数と面の数について、$v - e + f = 2$ の関係が常に成立するというのはとても不思議だと思いませんか。ただし、任意の多面体とはいっても凸多面体ということにしておいてください（ドーナツのような「穴」が空いていなければ、凹多面体でもオイラーの多面体定理は成立します）。

　厳密な証明ではないのですが、この定理の雰囲気を味わってもらうために次のような思考実験をしてみましょう。

　まず、四面体を用意します。正四面体でなくてもかまいません。

　この四面体の頂点、辺、面の数を数えてみましょう。頂点は4、辺は6、面は4ですから、$v - e + f$ は確かに2に

なります（図7-23）。

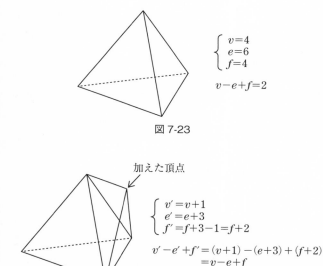

$$\begin{cases} v=4 \\ e=6 \\ f=4 \end{cases}$$

$$v-e+f=2$$

図 7-23

加えた頂点

$$\begin{cases} v'=v+1 \\ e'=e+3 \\ f'=f+3-1=f+2 \end{cases}$$

$$v'-e'+f'=(v+1)-(e+3)+(f+2) \\ =v-e+f \\ =2$$

図 7-24

　次は、ここから頂点を増やしてより複雑な多面体をつく
ってみます。新しい頂点を１つ増やすと、いびつな形の多
面体ができました。この多面体の頂点、辺、面の数をそれ
ぞれv'、e'、f'とします。

　新たな図形における頂点の数は、最初の四面体よりも１
個分増えていますから、＋１。辺の数はどうなるかといえ
ば、頂点が増えたことによって３本増えましたから、＋３。
面については、裏側と手前と下側で３つ増えましたが、消

えたものが1つありますから +2。

　こうして $v'-e'+f'$ をつくってみると、やはり2になっています（図7-24）。また次の新しい頂点を増やせば、同じように頂点、面、辺の数が変化して、結局その合計は2になることがわかります。

　つまり、少なくとも、四面体から頂点を増やすことでつくれる立体については、オイラーの多面体定理が成立するということです。

　この定理を発見したオイラーは18世紀の大数学者ですが、立体図形についてのこんなにもシンプルな法則を、それまでの偉大な数学者たちの誰もが見逃していたということに、オイラー自身もとても驚いたと伝えられています。

　しかもこのオイラーの多面体定理は、今日でいうところのトポロジー（位相幾何学）に発展しました。「ゴム膜の幾何学」とも呼ばれるトポロジー理論は、現代のAIにも欠かせない非常に重要な理論です。

第 8 章

千年の謎を
まとう数

整 数 の 性 質

整数の性質を学ぶ意義

　この章で学ぶ「整数の性質」には、約数や倍数、素数と素因数分解、n 進法といった内容が含まれています。整数について研究する「**数論**」という分野のさわりになっているわけです。

　今さら整数の性質を学んで何の役に立つのだ、そう感じる人は少なくないでしょう。

　実は役に立つという文脈からすれば、「整数の性質」にはなかなか実用性の高い内容が詰まっています。たとえば、素数と素因数分解。ショッピングサイトにせよ暗号資産にせよ、現代のネット関連技術は、素数を利用した暗号の上に成立しているといっても過言ではありません。また、コンピュータを効果的に使いこなすためには、2 進法・16 進法やアルゴリズムに関する知識が必要になってきますが、それらの土台となる内容も含まれています。

　しかし、私が「整数の性質」で学んでいただきたいのは、そうした実用性だけではありません。「整数の性質」の問題では、他の数学分野とはまた違った物の見方を求められます。いろんな視点を持って、柔らかく頭を使う。これは数学全般についていえることではありますが、とりわけ「整数の性質」ではその要素が強いのです。

約数と倍数

　約数と**倍数**は小学生で学んでいますが、倍数の判定法は

覚えておいて損はないでしょう。割り勘などを暗算すると
きに便利かもしれません。

　2の倍数は、一の位が0、2、4、6、8のいずれか。5の
倍数は、一の位が0、5のいずれかというのは創造できる
かと思いますが、他の倍数もこの機会に復習しておきまし
ょう。

　4の倍数は、**下2桁が4の倍数**。3の倍数は**各位の数の
和が3の倍数**、9の倍数は**各位の数の和が9の倍数**です。

　4の倍数の例としてあげると、1516は、

$$1516 = 1500 + 16$$
$$= 15 \times 100 + 16$$
$$= 15 \times 4 \times 25 + 16$$

となります。下2桁を除いて考えれば、どんな整数も100
の倍数になっており、当然それは4の倍数です。そのため、
下2桁が4の倍数なら、その数は確実に4の倍数といえる
わけです。

　同様に考えて、8の倍数の判定法も導き出せます。

　23024は、

$$23024 = 23000 + 24$$
$$= 23 \times 1000 + 24$$
$$= 23 \times 8 \times 125 + 24$$

です。下3桁を除けば、どんな数も1000の倍数、すなわ
ち8の倍数。だから、**下3桁が8の倍数であれば**、その数
は8の倍数といえます。

　また、たとえば、4桁の自然数Nは千の位をa、百の位
をb、十の位をc、一の位をdとしたとき、

$$N=1000a+100b+10c+d$$
$$=999a+99b+9c+a+b+c+d$$
$$=9(111a+11b+c)+a+b+c+d$$

と表せます。$9(111a+11b+c)$は確実に9の倍数ですから、あとは$a+b+c+d$が3（あるいは9）の倍数であれば、その数は3の倍数（あるいは9の倍数）といえることになります。

6の倍数は、3の倍数かつ2の倍数です。

7の倍数の判定法もあることはありますが、これに関しては直接7で割った方が早いでしょう。

謎の多い素数

素数は、**2以上で、1と自分自身でしか割れない整数**のことです。英語でいうと、prime number。「最も重要な数」という意味ですが、同時に闇に包まれている数でもあります。大勢の数学者が数論という整数を扱う数学分野を手がけていますが、やはり素数をテーマにした研究が多いです。

素数にはわからないことがたくさんありますが、根源的な謎はその数の現れ方でしょう。2、3、5、7、11、13、17……と素数は続いていくのですが、その並びは一見ランダムに見えて、何か法則があるはずだと考えられてきました。昔から素数の出現法則については研究されていますが、まだ結論は出ていません。

実際自分でやってみるとわかりますが、桁が大きくなっていくとその数が素数であるかを判定するのは非常に難し

くなっていきます。結局、小さい素数から順に割れるかどうかを計算していくことになるわけですが、ここで素数の見つけ方を説明しておきましょう。

　たとえば、97 が素数かどうかを知りたいとします。そのために、小さい素数から順に割っていくわけですが、2、3、5、7、11、13、17、19……とどこまで続ければ良いでしょうか。実は、$\sqrt{97}$ まで調べれば十分です。

　その理由を 72(もちろんこれは素数ではありません)の約数で考えてみましょう。

$$72 \div 1 = \textcircled{72} \qquad 72 \div \textcircled{72} = 1$$
$$72 \div 2 = \textcircled{36} \qquad 72 \div \textcircled{36} = 2$$
$$72 \div 3 = \textcircled{24} \qquad 72 \div \textcircled{24} = 3$$
$$72 \div 4 = \textcircled{18} \qquad 72 \div \textcircled{18} = 4$$
$$72 \div 6 = \textcircled{12} \qquad 72 \div \textcircled{12} = 6$$
$$72 \div 8 = \textcircled{9} \qquad 72 \div \textcircled{9} = 8$$

　これを見ると、8 より大きな 72 の約数はすべて 8 以下の数で 72 を割ったときの商(割り算の答え)の中に登場していることがわかります。一般に、ある数 N が a で割り切れるとき、その商を b とすると、

$$N \div a = b \implies N = a \times b$$

なので、b も必ず N の約数になります。よって割り切れる数(約数)を調べたいときは、$a \leqq b$ のケースだけを調べれば十分なのです。

　これは N の約数(割り切れる数)を探すときには

$$a \times a \leqq a \times b = N \implies a^2 \leqq N \implies a \leqq \sqrt{N}$$

の範囲の a で N を割ってみれば良いことを意味します。

97 についていえば、$\sqrt{97}$ はだいたい $\sqrt{100}=10$ ですから、その手前の素数 7 まで調べればいいわけです。7 まで調べて割れなければ、それより大きい素数で 97 が割れることはありません（97 は素数です）。

N が素数かどうかを判定するには $\sqrt{N}$ までの素数で割ってみるわけですが、ただ N が大きくなってくれば、これは大変面倒な計算になるということはおわかりでしょう。

数学の世界では、巨大素数を見つけるプロジェクトも動いています。たとえば、GIMPS（the Great Internet Mersenne Prime Search）では、世界中のパーソナルコンピュータの余った計算パワーを使って、メルセンヌ素数（2^n-1 の形になる素数）の探索を行っています。

素数を掛け合わせるのは簡単だが、素因数分解は難しい

整数をいくつかの整数の積で表したとき、その積を構成する 1 つ 1 つの整数を因数といいます。

特に素数の因数を素因数といい、ある整数を素数だけの積で表すことを素因数分解といいます。

素数同士を掛け合わせるのは簡単です。

たとえば、97 と 103 という 2 つの素数を掛け合わせて $97 \times 103 = 9991$ と計算することはすぐできます。

しかし、9991 の素因数分解は簡単ではありません。まるで、結ぶのは簡単なのに解くのは大変な「固結び」のようですが、現代の暗号にはこの特徴が利用されています。

インターネット上を行き交うパスワードやクレジットカードの番号など、重要な情報を秘密裏に伝えるときには、暗号化して送るという方法がとられます。Twitterや新聞のラテ欄で、文の先頭の文字を「縦読み」すると意外なメッセージが込められていることがありますが、あのように「横書きの先頭の文字を縦に読む」という方法は簡単な暗号化の1つです。でもこうしたやり方では、暗号化の方法がバレてしまうと、内容を理解されてしまいます。ですから、暗号の送り手と受け手は何とか当事者の間だけで暗号化の方法をやり取りしようと苦心するわけですが、どんなに注意しても、その連絡が第三者に傍受されてしまうリスクは避けられません。

　しかし、「巨大素数を掛け合わせて大きな数をつくるのは簡単だが、その数を素数の積に戻すのは難しい」という素因数分解の性質を使えば、このリスクをなくすことができるのです。

　仮にAさんがインターネット上のBさんの店で買い物をするとします。Bさんはあらかじめ、たとえば「9991」を誰でも閲覧できるように公開しておきます（これを公開鍵といいます）。Aさんはその「9991」を使って自分のクレジットカードの番号を暗号化しBさんに送ります。

　こうして暗号化されたクレジットカードの番号を復元するには「9991＝97×103」の素因数分解（これを秘密鍵といいます）が必要になる仕組みをつくっておけば、Bさんは復元の方法（秘密鍵）を誰にも知らせる必要はありません。これによって暗号の安全性は飛躍的に向上します。

ちなみに、現代社会で実際に使われている 2 つの巨大な素数はそれぞれ 300 桁程度です。これらの積でつくられる巨大な整数は 600 桁程度になり、その素因数分解を割り出すにはスーパーコンピュータを使っても、宇宙の年齢（138 億年）よりはるかに長い時間がかかるといわれています。

　素数を使ったこうした暗号化の仕組みを「RSA 暗号」といい、インターネットだけでなく、テレビの有料放送や国家の機密情報の通信などにも使われています。

なぜ 1 は素数ではないのか

　先ほど素数は「2 以上で」とさらっと書きましたが、**素数に 1 は含まれません。**

　それはなぜか。

　素因数分解と元の数との関係を 1 対 1 に対応させるためです。これは非常に重要なことなので、知っておいていただきたいですね。

　もし素数に 1 が含まれていたらどうなるでしょうか。6 を素因数分解する場合で考えてみます。

　6 は、「1×2×3」でも「1^2×2×3」でも、もちろん「2×3」でもよいということになります。

　素因数分解が無数にできてしまうのです。しかし、素数に 1 を含めなければ、6 の素因数分解は「2×3」のみ。つまり、

6 の素因数分解　↔　2×3

という 1 対 1 対応が成立するわけです。第 3 章でも解説し

ましたが、1対1対応は数学における重要なキーワードになっています。

1対1対応であることが保証されていれば、「6」について考えることと「2×3」について考えるのは同じことになります。同じことなので、状況に応じて考えやすい方で考えることができるのです。

素因数分解で約数の個数や総和を求める

さて、素因数分解を使って、**約数の個数や総和**を求めてみましょう。

まずは、24を素因数分解してみます。

$$24 = 8 \times 3$$
$$= 2^3 \times 3$$

24は、2という部品3つと、3という部品が1つからできていることがわかりました。

では24の約数は何かといえば、これらの部品の一部あるいは全部を使ってできる数ということになります。これを表にしたのが、図8-01です。24の約数はすべてこの表に含まれています。

この表は、横方向に1、2^1、2^2、2^3、縦方向に1、3^1と、1が複数回登場するため、違和感があるかもしれません。数学Ⅱでは指数を拡張し、「ある数の0乗は1」となることを学びます。とりあえずここでは、横方向の1は「2^0」、縦方向の1は「3^0」で、「2や3を使わない」ことを意味すると考えてください。

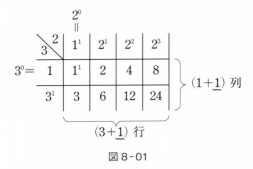

図8-01

この表には全部で8個の数字が書かれていますから、約数は8個だとわかります。では、この8を計算で求めるにはどう考えたらよいのでしょうか。

横方向に並んだ2の列は、2^1、2^2、2^3の3個と、2を使わない2^0(=1)が1つ。

縦方向の3の行は、3が1つと、やはり3を使わない3^0(=1)が1つです。つまり、2の列は、2の指数1~3の3つと、2を使わない1つの合計4つ。3の行は、3を1つと、3を使わない1つの合計2つ。

約数の個数8は、この4と2を掛けたものと考えることができます。

24の場合は$2^3 \times 3$というように2種類の素数の積で表すことができましたが、3つ以上の積になった場合はどうでしょうか。

たとえば、600を素因数分解すると、

$$600 = 2^3 \times 3 \times 5^2$$

と表すことができます。

先ほどの 24 は平面の表で表しましたが、これをビルのような 3 次元の表で表すと考えれば良いでしょう。

　5 について $5^0 (=1)$、5^1、5^2 という 3 つのパターンがあるわけですから、ビルの 1 階、2 階、3 階にそれぞれ $2^3 \times 3$ の表が置かれていて、$5^0 (=1)$、5^1、5^2 のいずれかと掛け合わされるイメージです。

　さらに、29400 ならば次のように素因数分解できます。

$$29400 = 2^3 \times 3 \times 5^2 \times 7^2$$

　今度は、7^0 ビルと 7^1 ビル、7^2 ビルという 3 つのビルがあると考えます。

　一般に、自然数 N が素因数分解された場合、約数の個数は図 8-02 のように表すことができます。

　　　　一般に、

$$N = p^a q^b r^c \quad \text{のとき}$$

$$約数の個数 = (a+1)(b+1)(c+1)$$

図 8-02

　では、約数の総和はどう考えればよいでしょうか。

　24 について、先ほどの表を元に書きだしていくと、次のようになります。

$$総和 = (1+2+4+8)+(3+6+12+24)$$
$$= (1+2+2^2+2^3)+3(1+2+2^2+2^3)$$
$$= (1+2+2^2+2^3)(1+3)$$

　上の式の1行目に出てくる$(3+6+12+24)$を3で括れば、$(1+2+2^2+2^3)$が出てきます。

　600の場合でしたら、

$$総和 = (1+2+2^2+2^3)+3(1+2+2^2+2^3)$$
$$+5^1\{(1+2+2^2+2^3)+3(1+2+2^2+2^3)\}$$
$$+5^2\{(1+2+2^2+2^3)+3(1+2+2^2+2^3)\}$$
$$= (1+2+2^2+2^3)(1+3)(1+5+5^2)$$

で求めることができます。

　　　一般に、
$$N = p^a q^b r^c \quad のとき$$

$$約数の総和 = (1+p+p^2+\cdots+p^a)$$
$$\times (1+q+q^2+\cdots+q^b)$$
$$\times (1+r+r^2+\cdots+r^c)$$

図8-03

　なお、数学Ⅱで学ぶ等比数列の和の公式を使うと、約数の総和はもっと簡単に計算することができます。

最大公約数と最小公倍数

最大公約数と**最小公倍数**は小学校の算数にも登場しましたが、公務員試験などでもよく出題されます。

ここでは、素因数分解の考え方を活かして、最大公約数と最小公倍数のイメージを浮かべられるようにしましょう。

どんなイメージを持っていただきたいかというと、まず素因数を部品と考えてください。そして、2つの数に**共通する部品を最大限に集めてきたもの**が最大公約数です。最小公倍数は「**共通の部品 × その他**」と考えます（図8-04）。

$$\begin{cases} 最大公約数\cdots共通の部品 \\ 最小公倍数\cdots共通の部品 \times その他 \end{cases}$$

24 と 30 の場合

$$\begin{cases} 24 = 2 \times 2 \times 2 \times 3 \\ 30 = \quad\quad\ \ 2 \times 3 \times 5 \end{cases}$$

$$\begin{cases} 最大公約数 = 2 \times 3 \\ 最小公倍数 = 2 \times 3 \times 2 \times 2 \times 5 \end{cases}$$

図 8-04

最大公約数が共通の部品というのはイメージしやすいと思います。それでは、最小公倍数はなぜ「共通の部品 × その他」になるのか。

24 と 30 の例で考えてみましょう。

まず、それぞれを素因数分解すると、

$$24 = 2^3 \times 3$$

$$30 = 2 \times 3 \times 5$$

となり、最大公約数は共通の部品である 2×3 だとわかります。

　今度は、最小公倍数です。24 の倍数と 30 の倍数を、素因数分解した状態でそれぞれ図 8-05 のように書き並べてみましょう。

24	$=$	$2^3 \times 3$
24×2	$=$	$2^4 \times 3$
24×3	$=$	$2^3 \times 3^2$
24×4	$=$	$2^5 \times 3$
24×5	$=$	$2^3 \times 3 \times 5$
24×6	$=$	$2^4 \times 3^2$
$\vdots$		
30	$=$	$2 \times 3 \times 5$
30×2	$=$	$2^2 \times 3 \times 5$
30×3	$=$	$2 \times 3^2 \times 5$
30×4	$=$	$2^3 \times 3 \times 5$
30×5	$=$	$2 \times 3 \times 5^2$
30×6	$=$	$2^2 \times 3^2 \times 5$
$\vdots$		

図 8-05

　24 と 30 の最小公倍数というのは、24 の部品も 30 の部品も両方持っています。しかし、共通な部品をダブって持

っておく必要はありません。

　レゴブロックでロボットをつくるようなイメージでしょうか。ロボットＡとロボットＢに使われている部品を使って、ＡとＢの機能をすべて兼ね備えたロボットＣをつくろうというとき、ロボットＡにしかない部品もロボットＢにしかない部品も必要です。しかし、ＡとＢに共通する部品は一揃いあれば十分。最小公倍数とは、このようなものとイメージしてください。

　次の図8-06では、72と240について最大公約数と最小公倍数の求め方を示しています。

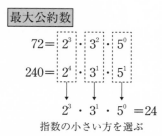

指数の小さい方を選ぶ

指数の大きい方を選ぶ

図8-06

72と240をそれぞれ素因数分解した部品のうち、指数（肩の数字）の小さい方（0乗は1と考えます）を選ぶようにすると、確かに共通の部品を集められます。

　一方、最小公倍数の場合には、指数の大きい方を選びます。こうすることで、共通な部品 × その他になるということです。

難問だらけの整数問題にどうアプローチするか

　この章で解説している「整数の性質」は数論という分野のさわりといいましたが、数論は数学の中でもとりわけ難しいといわれます。東大や京大といった難関大学の入試には、整数に関する問題が頻繁に出題されています。

　数直線上で表せばわかるように、整数というのは飛び飛びの値を取ります。川を渡る際、力任せに泳ぐとか竿をつくってこぐといったやり方ではなく、飛び石を正確に選んで跳び渡っていく、いわばそういう難しさがあるんですね。

　そこで、整数問題を解く上でのアプローチを図8-07に紹介しておきましょう。

　4番目の「**必要条件による絞り込み**」は他の数学問題でもよく使われますが、それ以外のアプローチが活躍するのはやはり整数問題が多いように思われます。

　1番目の「**積の形をつくる**」は、整数の性質を利用して候補を絞り込むというものです。たとえば、2つの整数 a、b があって、$ab=5$ だという形になったとしましょう。もし、a と b が実数であれば、解の候補は無数に考えられま

262

```
┌──── 整数問題のアプローチ ────┐
│ ① 積の形をつくる                      │
│ ②「互いに素」の利用                   │
│ ③ ある整数で割った余りで分類          │
│ ④ 必要条件による絞り込み              │
│ ⑤ 極端な例を考える                    │
└──────────────────────────┘
```

図8-07

す。$25 \times \dfrac{1}{5}$ と分数になることもあれば、$\sqrt{5} \times \sqrt{5}$ のように無理数が含まれることだってありえます。ところが、a と b が整数とわかっていれば、解の候補は、「1 と 5」「5 と 1」「−1 と −5」「−5 と −1」の 4 パターンしかありません。2 次方程式の解を因数分解で求められるのと同じで、積の形にできれば情報量が格段に増えるのです。

　2 番目の「**互いに素**」の利用もよく行われます。整数 a、b の最大公約数が 1 のとき、a と b は互いに素です。a と b の間に共通する素因数がないという言い方もできます。

　3 番目の「ある整数で割った**余りで分類**」も非常によく使われます。一番簡単なのは、偶数と奇数で分類するといったやり方ですね。このように分類することで、範囲を絞って考えやすくするのです。余りで分類する手法は、後に述べる合同式にも関わってきます。

　5 番目の「**極端な例を考える**」とはどういうことでしょうか。たとえば、未知の整数 a、b について、大小関係がわかっているとか、すべて 0 以上であることがわかってい

るといった条件がある場合、すべての a が b に等しかったらどうなるかなど極端な例を想定してみるのです。これも調べる範囲を狭める上で有効です。

このように整数問題を解くには独特のアプローチが必要になりますが、こうしたアプローチを学ぶことで実数全体を扱っているときには思いつかなかった見方や考え方が身についていきます。

ある整数で割った余りで分類する

整数問題のアプローチで紹介した「ある整数で割った余りで分類」を実際に使ってみようと思いますが、その前に割り算の表記について説明しておきます。

小学校までだと、「15 割る 2 は 7、余り 1」を「15÷2＝7 …1」というように表記していました。

しかし、高校数学以降は、次のように表記します。

$$15＝2×7+1$$

一般化して書くと、小学校までは $a÷b$ の商を q、余りを r としたとき、

$$a÷b＝q…r$$

だったのが、高校数学以降は、

$$a＝bq+r$$

と書くということです。

こういう表記をする一番大きな理由は、式変形を行いやすくするためです。

それでは、次のような問題はどうやって解いていけば良

いでしょうか。

　　　n は整数とする。次のことを証明せよ。
　　　n^2 を 3 で割ったときの余りは、0 か 1 である。

　やり方を知らない人にとって、この問題は途方もない、いったいどこから手を付けてよいかわからない問題だと感じることでしょう。

　確かに、平方数(n^2 の形で表される整数)をいくつか試してみると、余りは 0 か 1 しかないように思われます。$4 \times 4 = 16$ で余りは 1、$5 \times 5 = 25$ で余りは 1、$6 \times 6 = 36$ で余りは 0……。しかし、そんな具体例をいくつ積み上げても証明にはなりません。

　ここで「余りで分類する」という手法を活用するのです。

　整数 n を 3 で割った余りを分類すると、$n = 3k$、$n = 3k+1$、$n = 3k+2$(k は整数)のいずれかになります。

　$n = 3k$ のときは、
$$n^2 = (3k)^2 = 9k^2 = 3 \cdot 3k^2$$
　$n = 3k+1$ のときは、
$$n^2 = (3k+1)^2 = 9k^2 + 6k + 1 = 3(3k^2 + 2k) + 1$$
　$n = 3k+2$ のときは、
$$n^2 = (3k+2)^2 = 9k^2 + 12k + 4 = 3(3k^2 + 4k + 1) + 1$$
となります。余りが 0 か 1 になるケースしかありませんから、これではっきり証明できたことになります。

　この分類をすることによって、無数にあったはずの整数をたった 3 つのケースにまで絞り込むことができました。

ガウスの考えた合同式

　「ある数で割った余りで分類する」ことが、整数問題を解く上で非常に有効だと気づいた数学者の1人がガウスです。彼は**合同式**というものを考え出しました。

　ガウスは無数にある数は、同じ性質を持っている有限のグループに分けることができると考えたのです。円の上をグルグルと周回しながら数を置いていくイメージです。

　ある数を3で割った余りで分類すると、次の図8-08のようになります。

　「0、3、6……」は3で割った余りが0、つまり3の倍数のグループ。「1、4、7……」は、3で割ったときに1余るグループ。「2、5、8」は3で割ったときに2余るグループです。

　ガウスは同じグループの数は同じ性質を持つとして、**互いに合同**だと表現しました。

　4と7が合同だということは、次のように表記します。

$$4 \equiv 7 \pmod 3$$

　図形だと ≡ の記号は、完全に同じ、ぴったり重なる図形同士を表しましたが、数の場合の合同、≡ の記号はある数で割った余りが同じになるということを表しています。mod は modulo（剰余）から来ています。

　合同式は、慣れてくると非常に便利です。足し算、引き算、実数倍、累乗など、割り算以外については、普通の等式と同様に変形することができます。その証明は長くなるためここでは割愛しますが、「**合同式の性質**」を覚えてお

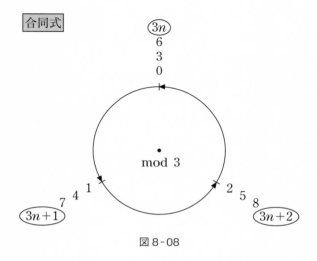

図 8-08

くと整数問題を解くのに重宝します。ちなみに、合同式は
高校数学の指導要領には含まれていないのですが、進学校
や塾では教えていますし、入試の解答に使っても何ら問題
ありません。

$a \equiv c \pmod{m}$，$b \equiv d \pmod{m}$ のとき

性質 1. $a+b \equiv c+d \pmod{m}$

性質 2. $a-b \equiv c-d \pmod{m}$

性質 3. $ab \equiv cd \pmod{m}$

性質 4. $a^k \equiv c^k \pmod{m}$

たとえば、次のような問題があります。

15^{100} を 7 で割った余りを求めよ。

一見、絶対に無理だという気がしますね。数学Ⅱで学ぶ二項定理を使えば、解くことはできますが、やや面倒な手順が必要になります。

　ところが、合同式を使うとこのような問題も簡単に解けてしまうのです。

　ポイントは、100乗を計算してもよさそうな数を見つけること。15^{100} どころか 2^{100} ですら計算する気になれませんが、1^{100}（あるいは $(-1)^{100}$）なら計算するまでもなく1だとわかります。

　$15 \equiv 1 \pmod 7$ なのですから、「合同式の性質4」によって $15^{100} \equiv 1^{100} \equiv 1 \pmod 7$。$15^{100}$ を7で割った余りは、1だとわかりました。

　次の問題はどうでしょうか。

　　3^{2222} を5で割った余りを求めよ。

　こちらも 3^{2222} など計算していられませんから、1^{2222} あるいは $(-1)^{2222}$ を考える問題に持っていきたいところです。となると、3の累乗の中で、5で割ったときに余りが1になるものを見つければよさそうです。

　$3^2 = 9 = 5 \times 1 + 4$、$3^3 = 27 = 5 \times 5 + 2$、$3^4 = 81 = 5 \times 16 + 1$ となり、$3^4 \equiv 1 \pmod 5$ だということがわかりました。

　そこから、
$$3^{2222} \equiv (3^4)^{555} \cdot 3^2 \equiv 1^{555} \cdot 9 \equiv 4 \pmod 5$$
となります。5で割るとき、3^{2222} は9と合同、9と4は合同だから余りは4です。

このように、100乗や2222乗といったとてつもなく大きな数を考えるときは、**次数を下げる**か、**周期性を見つける**というアプローチが定番です。先ほど合同式は「円の上をグルグル周回しながら数を置いていくイメージ」だと書きました。合同式は、整数の周期性を使って巨大な数を考えやすくしてくれるのです。

「互いに素」を使って一次不定方程式を解く

整数問題は総合的な知識を求められますが、中でも一次不定方程式を使った問題が出されることがありますので、こちらも解説しておきましょう。

次の方程式の整数解をすべて求めよ。

$$4x + 7y = 1$$

この問題を解く鍵は、「**互いに素**」（共通の約数が1だけ）を使うことにあります。

まず、与えられた方程式に対して、式を満たす x、y を何でもよいですから、1つ見つけます。無数にある解から、1つだけ特殊解を取り出すのです。この場合は、x が「2」、y が「-1」の特殊解が見つかります。

そして、見つかった特殊解を代入し、元の方程式から引き算します。

なぜ引き算するかというと、右辺の1を消したいからです。

この式を移項すると、$4(x-2)=-7(y+1)$という式が得られます(図8-09)。

　さあ、ここで「互いに素」の出番です。

　4と7は互いに素なので、7が4の倍数になることはありえませんし、4が7の倍数になることもありえません。

　図8-09で最後の式の左辺は4の倍数になっていますが、7が4の倍数になる可能性はありませんから、$(y+1)$が4の倍数だとわかります。

　同じように、右辺は-7の倍数になっていますが、4が-7の倍数である可能性はありませんから、$(x-2)$が-7の倍数です。

　この条件を満たす、整数解は図8-10のようになります。

$$\begin{array}{r} 4x+7y=1 \\ -)\ \underline{4\times2+7\times(-1)=1} \\ 4(x-2)+7(y+1)=0 \end{array} \quad\text{特殊解}$$

$$\Rightarrow 4(x-2)=-7(y+1)$$

図8-09

4と7は互いに素なので

$$\begin{cases} y+1=\ \ 4k \\ x-2=-7k \end{cases} \quad (k\text{は整数})$$

$$\therefore \begin{cases} y=\ \ 4k-1 \\ x=-7k+2 \end{cases}$$

図8-10

これで整数解は見つかって、問題は解けたわけですが、ここまで何をやってきたのかをグラフで示しておきます。

　$4x+7y=1$ をグラフにしたものが図8-11です。問題文を言い換えると、「$4x+7y=1$ の直線上に乗っている、x 座標と y 座標がともに整数の点を見つけよ」ということになります。ちなみに、こうした点のことを**格子点**といいます。最初に見つけた格子点 $(2,\ -1)$ も図に描き入れておきましょう。

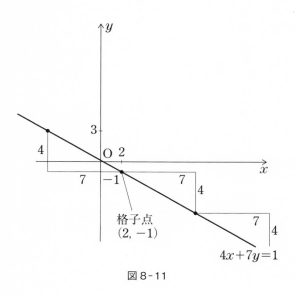

図8-11

　傾き $-\dfrac{4}{7}$ の直線ですから、x 方向に7進み、y 方向に4下がれば次の格子点があることがわかります。

n 進法で数を考える

　私たちは日常的に、10 ずつ桁が繰り上がる 10 進法に馴染んでいます。しかし、世の中では 10 進法以外にも様々な進法が使われています。代表的な進法が、コンピュータで使われる 2 進法や 16 進法です。

　10 進法の 387 とは、3 個の 10^2 と、8 個の 10、そして余りの 7 を足し合わせたものです。同様に、n 進法の数値は図 8-12 のように表すことができます。(n) によって何進法かを示しています。

> $\boxed{n \text{ 進法}}$
>
> 10 進法
> $$387 = 3 \times 10^2 + 8 \times 10 + 7$$
>
> n 進法
> $$abc_{(n)} = a \times n^2 + b \times n + c$$
> 図 8-12

　これを利用すれば、ある進法から別の進法に変換することができます。

　たとえば、10 進法の 13 を 2 進法で表すならば、13 を 2 の累乗の和で表現します（図 8-13）。

13 を 2 進法で表す

$$13 = 1 \times 2^3 + 5$$
$$= 1 \times 2^3 + 1 \times 2^2 + 1$$
$$= 1 \times 2^3 + 1 \times 2^2 + 0 \times 2^1 + 1$$
$$= 1101_{(2)}$$

図 8-13

　教科書によっては、10 進法から 2 進法の変換を図 8-14 のような手順で示しているものもあります。

```
2) 13
2)  6 …①  ↑
2)  3 …⓪  |
2)  1 …①  |
    0 …①  |
```

図 8-14

　13 を 2 で次々と割っていき、余りを右端に書いていくというものです。最終的に商が 0 になったら、下から数字を読んで「1101」が 13 の 2 進法表記になります。

　なぜこの筆算で、変換ができるのかを図 8-15 に解説しておきましょう。

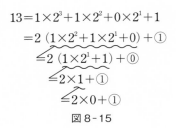

$$13 = 1 \times 2^3 + 1 \times 2^2 + 0 \times 2^1 + 1$$
$$= 2\,(1 \times 2^2 + 1 \times 2^1 + 0) + ①$$
$$= 2\,(1 \times 2^1 + 1) + ⓪$$
$$= 2 \times 1 + ①$$
$$= 2 \times 0 + ①$$

図 8-15

　先ほど示したように、13 は「$1 \times 2^3 + 1 \times 2^2 + 0 \times 2^1 + 1$」
と表せます。筆算において 2 で次々と割っていくというの
は、2 で括っていくというイメージです。

　最初に出てきた 1 は、13 を最初に 2 で割ったときの余
りですから、2 進法の「1101」の一番下の桁に相当します。
さらに（　）の中の「$1 \times 2^2 + 1 \times 2^1 + 0$」を 2 で括り、その余
りは 0。さらにその（　）の中の「$1 \times 2^1 + 1$」を 2 で括って、
余りは 1。この 1 は「$2 \times 0 + 1$」となり、「1101」の一番上
の桁になります。

　n 進法に慣れるには、まず図 8-17 のような対応表をつ
くるのが良いと思います。それに慣れてきたら四則演算を
してみましょう。図 8-16 のような例題もあげておきます。

　2 進法では、1 と 1 を足し合わせると桁が繰り上がりま
す。10 進法だと $1 + 1 = 2$ ですが、2 進法では「10」になる
わけです。

例1）　　$11011_{(2)} + 111_{(2)} = 100010_{(2)}$

$$\begin{array}{r} 11011 \\ +\ \ \ \ 111 \\ \hline 100010 \end{array}$$

例2）　　$100101_{(2)} - 1011_{(2)} = 11010_{(2)}$

$$\begin{array}{r} 100101 \\ -\ \ \ 1011 \\ \hline 11010 \end{array}$$

図8-16

　10進法に直してから計算するという手もありますが、足し算・引き算くらいは2進法、あるいはn進法のままできるようにしておいた方が頭の訓練になると思います。

　私たちホモ・サピエンスは手の指が10本ありますから10進法を当然だと思っていますが、もしかしたらほかの知的生命体は別の進法を使っているかもしれません。ホモ・サピエンスにしても一部の民族は5進法を使っていたりするそうですし、今でも時間を表すために12進法や60進法も併用されています。

　1977年に打ち上げられた宇宙探査機、ボイジャー1号と2号には「ゴールデンレコード」と呼ばれる金属製のレコードが搭載されました。これにはベートーヴェンの『運命』やストラヴィンスキーの『火の鳥』、チャック・ベリーの『ジョニー・B・グッド』などの曲と様々な言語の音声が収録されているのですが、表面には正しく再生するための回転速度が2進法で記載されています。ボイジャーを捕獲して

分析できるほど高度な文明を築いている知的生命体なら、当然2進法は理解できるだろうという期待のもと、こうした記載が行われたのですね。

ぜひ、n進法を学んで、新しい数の世界を見ていただきたいと思います。

素数とn進法

この章では、先に素数を取り上げました。では、n進法における素数とはどのようなものでしょうか。

結論から先にいうと、2進法、いや何進法で考えても素数は素数です。

次の図8-17は、10進法と2進法の対応図です。

10進法	2進法
1	1
2	10
3	11
4	100
5	101
6	110
7	111
8	1000

図8-17

たとえば、10進法の6は2×3で表せますから、もちろ

ん素数ではありません。10進法の6は、2進法で表せば110。これは10(10進法の2)と11(10進法の3)の積で表せますからやはり素数ではありません。これは、2進法に限らず、何進法で考えても同じです。

n進法というのは、あくまでも数の表記の方法です。こうした表記と、素数のような数の性質はリンクしているわけではないのです。何進法を使っても、数自体が備えている性質は変わりません。

これで数学Ⅰと数学Aの全単元の学習が終わりました。最後までお読みいただき誠にありがとうございます。

さて、今はどのような感想をお持ちでしょうか。筆者としては、社会人必携の数学リテラシーを身につけたという自信とともに、皆さんの数学への興味がさらに高まっていることを願ってやみません。

序章に書いた通り、この後は数学Ⅱ、数学Bの学習に進まれるのも良いですし、数学Ⅰ・数学Aのより難度の高い参考書や問題集に進まれるのも良いと思います。

数学はどんな方でも、その方に合ったレベルで楽しむことができる懐の深い学問です。

またどこかでお会いしましょう！

執筆協力　　山路達也
DTP　　　　明昌堂
校閲　　　　東京出版サービスセンター

永野裕之 ながの・ひろゆき

1974年、東京都生まれ。永野数学塾塾長。
東京大学理学部地球惑星物理学科卒業。
同大大学院宇宙科学研究所(現JAXA)中退後、
ウィーン国立音楽大学指揮科へ留学。
副指揮を務めた二期会公演が文化庁芸術祭大賞を受賞。
わかりやすく熱のこもった指導ぶりがメディアでも紹介され、
話題を呼んでいる。
著書に『とてつもない数学』(ダイヤモンド社)、
『ふたたびの高校数学』(すばる舎)、
『中学生からの数学「超」入門』(ちくま新書)など。

NHK出版新書 674

教養としての「数学I・A」
論理的思考力を最短で手に入れる

2022年4月10日　第1刷発行
2022年6月30日　第3刷発行

著者　**永野裕之**　©2022 Nagano Hiroyuki

発行者　**土井成紀**

発行所　**NHK出版**
〒150-8081 東京都渋谷区宇田川町41-1
電話 (0570) 009-321 (問い合わせ) (0570) 000-321 (注文)
https://www.nhk-book.co.jp (ホームページ)
振替 00110-1-49701

ブックデザイン　albireo

印刷　**壮光舎印刷・近代美術**

製本　**二葉製本**

NHK出版新書好評既刊